Simulation von Wasserstoffdiffusion und Rißwachstum infolge wasserstoffinduzierter Spannungsrißkorrosion mit einer Analyse der Kopplungsphänomenologie

Dissertation

zur Erlangung des akademischen Grades

Doktor der Ingenieurwissenschaften
(Dr.-Ing.)

der Technischen Fakultät
der Christian-Albrechts-Universität zu Kiel

Rainer Falkenberg
aus Berlin

2010

Bibliografische Information der Deutschen Nationalbibliothek
Die Deutsche Nationalbibliothek verzeichnet diese Publikation in der Deutschen Nationalbibliografie; detaillierte bibliografische Daten sind im Internet über http://dnb.d-nb.de abrufbar.
1. Aufl. - Göttingen : Cuvillier, 2010
Zugl.: Kiel, Univ., Diss., 2010

ISBN 978-3-86955-417-4

Vorsitzender des Promotionsausschusses	:	Prof. Dr. rer. nat. F. Faupel
1. Gutachter	:	Prof. Dr.-Ing. W. Brocks
2. Gutachter	:	Prof. Dr. rer. nat. H. Föll
3. Gutachter	:	Prof. Dr. C. Thaulow
Datum der mündlichen Prüfung	:	08. Juli 2010

Nonnenstieg 8, 37075 Göttingen
Telefon: 0551-54724-0
Telefax: 0551-54724-21
www.cuvillier.de

1. Auflage, 2010
Gedruckt auf säurefreiem Papier

ISBN 978-3-86955-417-4

Wasserstoffinduzierte Schädigungsvorgänge erschweren die Integritätsbewertung von Bauteilen, da konventionelle Konzepte zur Bauteilbewertung an dieser Stelle versagen. In der vorliegenden Arbeit wird ein Modell zur Simulation der sogenannten „wasserstoffinduzierten Spannungsrißkorrosion" (wSpRK) vorgestellt. Der untersuchte Werkstoff ist ein hochfester Feinkornbaustahl mit der Bezeichnung FeE 690T (17MnCrMo3-3). Sowohl das Diffusionsproblem als auch das mechanische Problem wird mit Hilfe der Finite-Elemente-Methode (FEM) gelöst. Die Feldformulierung enthält für die materiellen Punkte zusätzlich zu den mechanischen Verschiebungen die Konzentration des Wasserstoffs als weiteren Freiheitsgrad. Durch diese simultane Beschreibung des Stofftransportes und des mechanischen Problems kann eine wechselseitige Kopplung der dazugehörigen Feldgrößen untersucht werden.

Die Einteilung des Problems erfolgt in vier Gebiete: i) Oberflächenkinetik, ii) Diffusion, iii) Deformation und iv) Rißwachstum. Atomarer Wasserstoff dringt durch die Oberfläche des Werkstoffs ein und steht ab diesem Zeitpunkt für Diffusionsprozesse innerhalb des Werkstoffs bereit. Der Wasserstoffzutritt über die Werkstoffoberfläche wird mit Hilfe eines Chemisorptionsmodells formuliert. Für das Diffusionsmodell wird eine erweiterte Diffusionsgleichung herangezogen, die folgende mechanischen Terme enthält: Druckgradient, akkumulierte plastische Vergleichsdehnung und Deformationsrate. Durch mechanische Belastung verursachte elastische und plastische Gitterdeformationen beeinflussen den Wasserstofftransport und die lokale Wasserstoffkonzentration. Materialimperfektionen fungieren als Haftstellen für den Wasserstoff, der dort immobilisiert wird. Die phänomenologische Beschreibung berücksichtigt die beiden Arten der Wasserstoffeinlagerung in interstitiellen Gitterplätzen und in Haftstellen. Umgekehrt beeinflußt der im Gitter vorhandene atomare Wasserstoff das mechanische Verhalten des Werkstoffs. Für das Deformations- und Separationsverhalten werden bereits bekannte Modelle herangezogen, die die Materialdegradation infolge gelöstem atomaren Wasserstoff beschreiben, das HEDE- (Hydrogen-Enhanced-Decohesion) und das HELP- (Hydrogen-Enhanced-Localised-Plasticity) Modell. Das auftretende Rißwachstum wird mit Hilfe eines Kohäsivzonenmodells modelliert. Die Kohäsivfestigkeit wird hierbei von der lokalen Wasserstoffkonzentration beeinflußt (HEDE). Das elastisch-plastische Materialverhalten wird durch eine v. Mises-Beschreibung mit isotroper Verfestigung implementiert, dessen Fließgrenze ebenfalls durch die lokale Wasserstoffkonzentration beeinflußt wird (HELP).

Vorausgegangene experimentelle Untersuchungen an C(T)-40-Bruchmechanikproben, die einer korrosiven Umgebung ausgesetzt wurden, lieferten CTOD-δ_5-Rißwiderstandskurven sowie Kraft-Verformungskurven zur Validierung des numerischen Modells. Permeationsstromdichtekurven dieses Werkstoffes zur Modellierung der Oberflächenkinetik liegen ebenfalls vor. Die Simulation liefert ihrerseits Rißwiderstandskurven und Kraft-Verformungskurven. Der Vergleich mit den experimentellen Ergebnissen weist eine gute Übereinstimmung auf. Besonders ausführlich wurden die Einflüsse der hier miteinander gekoppelten Modelle untersucht. Ihre Auswirkungen auf das simulierte Rißwachstum konnten mit Hilfe der Modellparameter gezielt untersucht und angepaßt werden.

Inhaltsverzeichnis

Abbildungsverzeichnis

Tabellenverzeichnis

Symbol- und Abkürzungsverzeichnis

griechische Symbole

α .... Anzahl der Haftstelleneinlagerungsorte pro Haftstelle
$\alpha_{1/2}$ .... Konstante, Adsorptionsfluß auf Seite 1/2, Chemisorptionsmodell
β .... Interstitielle Gittereinlagerungsorte pro Atom
$\beta_{1/2}$ .... Konstante, Resorptionsfluß auf Seite 1/2, Chemisorptionsmodell
δ_1 .... Formparameter, Kohäsivzonenmodell
δ_2 .... Formparameter, Kohäsivzonenmodell
δ_5 .... Rißspitzenverschiebung nach δ_5-Methode, CTOD
δ_N .... kritische Separation, Kohäsivzonenmodell
$\delta_{1/2}$ .... Konstante in Gl. (2.1.2)-(2.1.7), Rekombinationsfluß auf Seite 1/2, Chemisorptionsmodell
δ_{ij} .... Kronecker-Symbol
ε_0 .... Bezugsdehnung, Potenzapproximation
Γ_0 .... Separationsenergie, Kohäsivzonenmodell
$\gamma_{1/2}$ .... Konstante, Absorptionsfluß auf Seite 1/2, Chemisorptionsmodell
λ_m .... m-ter Eigenwert, Chemisorptionsmodell
μ_L .... Chemisches Potential
ν .... Querkontraktionszahl
Ω_F .... Reduktionsfaktor, Verminderung der Fließgrenze
Ω_K .... Reduktionsfaktor, Spannungsintensitätsfaktor $K_{I,SCC}$
Ω_S .... Reduktionsfaktor, Verminderung der Separationsenergie
ϕ .... Funktion in Abhängigkeit von der lokalen Wasserstoffkonzentration, HELP
ρ .... Dichte
σ .... Spannungstensor
σ_0 .... Bezugsspannung, Potenzapproximation
σ_c .... Kohäsivspannung, Kohäsivzonenmodell
σ_h .... Hydrostatische Spannung
σ_V .... Vergleichsspannung nach v. Mises
σ_Y^H .... Lokale Fließgrenze unter Wasserstoffeinfluß
σ_{c0} .... Kohäsivfestigkeit, Kohäsivzonenmodell
σ_{ij} .... Spannungstensor, kartesische Komponenten
σ_{Y0} .... (unbeeinflußte) lokale Fließgrenze
θ_L .... Besetzungsgrad der verfügbaren Gittereinlagerungsorte (Gitterstellenbelegung)
θ_S .... Besetzungsgrad der Separationsfläche

θ_T .... Besetzungsgrad der verfügbaren Haftstellen durch Wasserstoffatome (Haftstellenbelegung)
$\theta_{1/2}$ .... Anteil der durch adsorbierte Wasserstoffatome bedeckten Werkstoffoberfläche auf Seite 1/2, Chemisorptionsmodell
θ_{tot} .... Gemittelter Besetzungsgrad
$\dot{\varepsilon}$ .... Dehnrate
ε_p .... akkumulierte plastische Vergleichsdehnung
ξ .... Anpassungsparameter, HELP-Modell

lateinische Symbole
Δa .... Rißverlängerung
A .... Bruchdehnung
A_{perm} ..... Permeationsfläche
a_0 .... Anfangsrißlänge
a_0 .... Anpassungsparameter, HEDE-Modell, Gl. (2.4.4)
a_1 .... Anpassungsparameter, HEDE-Modell
a_2 .... Anpassungsparameter, HEDE-Modell
A_m .... Konstante, Chemisorptionsmodell
b .... Dicke, C(T)-Probe
$\mathbf{c}$ .... Konzentrationsvektor
c .... Isobare Wärmekapazität
$C(x,t)$ ..... Konzentrationsrandbedingung momentane Rißspitze 2D
$C(x,z,t)$ ... Konzentrationsrandbedingung momentane Rißfront 3D
C_∞ .... Sättigungskonzentration für $t \to \infty$
C_H .... Gesamtkonzentration
C_L .... Anzahl der Wasserstoffatome in interstitiellen Gitterplätzen pro Gittereinheitsvolumen (Konzentration des Gitterwasserstoffs)
C_T .... An Haftstellen gebundene Wasserstoffatome pro Gittereinheitsvolumen (Konzentration des Haftstellenwasserstoffs)
$C_{1/2}$ .... Konzentration des Wasserstoffs innerhalb des Werkstoffs auf Seite 1/2, Chemisorptionsmodell
C_{eq} .... Gleichgewichtskonzentration nach Sievert
$\mathbf{D}$ .... Systemmatrix
D_0 .... Diffusionskonstante
D_L .... Diffusionskoeffizient
D_{eff} ...... Effektiver Diffusionskoeffizient
D_{eff}^{chem} ..... Effektiver Diffusionskoeffizient, ermittelt durch das Chemisorptionsmodell
D_{eff}^{TL} ...... Effektiver Diffusionskoeffizient, ermittelt durch die Time-Lag-Methode
D_{sor} .... Diffusionskoeffizient, Chemisorptionsmodell
E .... Elastizitätsmodul
F .... Zugkraft, C(T)-Probe
$f(\delta_N)$ ..... Formfunktion, Kohäsivzonenmodell
$f(a/w)$ .... Geometriefunktion, C(T)-Probe

g_i .... Temperaturgradient
G_L .... Gibbssche freie Enthalpie
ΔH_S .... Enthalpiedifferenz segregierter Zustand - Zustand im Volumen
ΔH_B ...... Haftstellenbindungsenthalpie
ΔH_d .... Aktivierungsenthalpie der Diffusion
I_p .... Permeationsstrom
i_p .... Permeationsstromdichte
I_p^∞ .... Maximaler Permeationsstrom
i_p^∞ .... Maximale Permeationsstromdichte
$\mathbf{J}$ .... Jacobi-Matrix
$\mathbf{j}$ .... Flußvektor
J .... Permeationsfluß
J_i .... Wasserstofffluß über die Grenze des Integrationsgebietes
$J^+_{abs,1/2}$ .... Absorptionsfluß auf Seite 1/2, Chemisorptionsmodell
$J^-_{abs,1/2}$ .... Resorptionsfluß auf Seite 1/2, Chemisorptionsmodell
$J^+_{ads,1/2}$ .... Adsorptionsfluß auf Seite 1/2, Chemisorptionsmodell
$J^-_{ads,1/2}$ .... Rekombinationsfluß auf Seite 1/2, Chemisorptionsmodell
K .... Wärmeleitfähigkeit
k .... Desorptionsratenparameter
k_p .... Absorptionsratenparameter
K_T .... Gleichgewichtskonstante
$k^+_{1/2}$ .... Sorptionsrate auf Seite 1/2, Chemisorptionsmodell
$k^-_{1/2}$ .... Sorptionsrate auf Seite 1/2, Chemisorptionsmodell
$K_{I,SCC}$ ..... Spannungsintensitätsfaktor, Mode I, für Rißinitiierung unter wSpRK
L .... Dicke der Permeationsmembran, Chemisorptionsmodell
$\mathscr{M}$ .... Masse
M .... Mobilität
n .... Verfestigungsexponent, Potenzapproximation
n_i .... Normalenvektor
N_i .... Ansatzfunktionen
N_L .... Anzahl der Gitterstellen in einem Gittereinheitsvolumen (Gitterstellendichte)
n_L .... Stoffmenge
N_T .... Anzahl der Haftstellen in einem Gittereinheitsvolumen (Haftstellendichte)
N_{T0} .... Konstante, Haftstellendichte
N_{T1} .... Konstante, Haftstellendichte
p .... Druck
p .... Konstante, Chemisorptionsmodell, Gl. (2.1.19)
$p_{1/2}$ .... Druck im Medium auf Seite 1/2, Chemisorptionsmodell
q .... Konstante, Chemisorptionsmodell
R .... Residuum in Abschnitt 4.4
R_m .... Zugfestigkeit
$R_{p0,2}$ ...... Fließgrenze
S .... Entropie

T .... absolute Temperatur
t_L .... Durchbruchszeit
$t_{ini,H}$ ...... Rißinitiierungszeitpunkt mit Wasserstoffeinfluß
t_{ini} .... Rißinitiierungszeitpunkt ohne Wasserstoffeinfluß
U .... Innere Energie
$U_{Ag/AgCl}$ ... Beladespannung der elektrochemischen Zelle
∂V .... Rand des materiellen Volumens
V .... Volumen
$v(t)$ .... Verschiebungsrandbedingung Lasteinleitung
$\overline{V}_H$ .... partielles molares Volumen von Wasserstoff gelöst in Fe
V_M .... molares Volumen von Fe
v_{ll} .... Lastlinienverschiebung
v_{max} .... maximale Verschiebung an der Lastlinie
w .... Weite, C(T)-Probe
W_σ .... durch atomaren Wasserstoff verrichtete Arbeit
z .... Ladungszahl

Abkürzungen

ASTM .... American Standard of Testing Materials
BFGS ..... Broyden-Fletcher-Goldfarb-Shannon, Optimierungsalgorithmus
CMOD .... Crack-Mouth-Opening-Displacement
CTOA ..... Crack-Tip-Opening-Angle
CTOD .... Crack-Tip-Opening-Displacement
DCPD ..... Direct-Current-Potential-Drop
HEDE ..... Hydrogen-Enhanced-Decohesion
HELP ..... Hydrogen-Enhanced-Localised-Plasticity
R-Kurve ... Rißwiderstandskurve
REM ...... Raster-Elektronen-Mikroskop
wSpRK .... wasserstoffinduzierte Spannungsrißkorrosion

Konstanten

F .... Faraday-Konstante in Gl. (2.1.24), $F = 96485,0\,C/mol$
N_A .... Avogadro-Zahl, $N_A = 6,022141 \cdot 10^{23}\,mol^{-1}$
R .... allgemeine Gaskonstante, $R = 8,314472\,J/(mol\,K)$

Kapitel 1

Einführung

Etwa ein Drittel aller auftretenden Schadensfälle sind auf die Wechselwirkungen mit Umgebungseinflüssen zurückzuführen [Woodtli, 2000]. Insbesondere für hochfeste Stähle ist die Versprödung durch absorbierten atomaren Wasserstoff ein signifikantes Problem [Gangloff, 1986, 2003; Hirth, 1980; Lynch, 1988, 2003; McMahon, 2001]. Ein umgebungsinduzierter Mechanismus, der Stahlwerkstoffe schädigt, ist die sogenannte „wasserstoffinduzierte Spannungsrißkorrosion" (wSpRK). Der folgende Schadensfall schildert einen typischen Vorgang der wSpRK. Am 21. Mai 1980 versagte die Konstruktion des südlichen Außendachs der Berliner Kongreßhalle, s. Abb. 1.1. Durch die herabstürzenden Dachelemente verunglückte eine Person tödlich. Das überstehende Außendach bestand aus einem

(a) Nach der Übergabe zur internationalen Bauausstellung, 26. April 1958

(b) Nach dem Versagen des südlichen Außendaches, 21. Mai 1980

Abbildung 1.1: Berliner Kongreßhalle, Aufnahmen [Isecke, 1982]

Ringbalken am Auditorium, an dem der am Außenrand des Daches umlaufende Randbogen mittels Spannbetonelemente verankert wurde, s. Abb. 1.2. Die verwendeten Plattenstreifen beinhalteten jeweils zwei bis vier Spannglieder, die von wiederum sieben bis zehn Stahldrähten aus dem Werkstoff St145/160 (1.8863) vorgespannt wurden. Beim Einsturz versagten die Verbindungen von acht Plattenstreifen am Verankerungsort des Ringbalkens und fielen mit dem Randbogen auf das Dach des Eingangsbereiches. Die verbleibenden Plattenstreifen versagten in der Verbindung zum herabfallenden Randbogen und hingen anschließend am Ringbalken herab, wobei sie von den noch intakten Spanngliedern gehalten wurden. Die direkt am Randbogen gebrochenen Spannglieder der betreffenden Plattenstreifen wiesen, bis auf eine Ausnahme, ein duktiles Bruchverhalten auf, s. Abb. 1.3(a). Die Spannglieder der direkt am Ringbalken gebrochenen Plattenstreifen zeigten hingegen ein sprödes Bruchverhalten und starke Korrosionsschäden, s. Abb. 1.3(b). Im

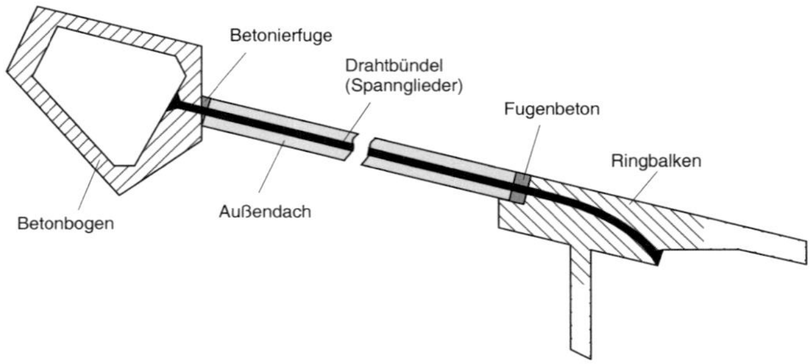

Abbildung 1.2: Spannbetonelement der Berliner Kongresshalle (Schnitt) [Isecke, 1982]

Rahmen der Untersuchung von [Isecke, 1982; Schlaich et al., 1980] zeigte sich, daß ein Zusammenwirken verschiedener Umstände zu einem Versagen der Gesamtkonstruktion geführt hat. Zugspannungen in den Plattenstreifen am Verankerungsort des Ringbalkens führten zu Rissen im Beton und somit nicht nur zu einer nun wachsenden Belastung der Spannglieder, sondern ebenfalls zu einem Zutritt von Feuchtigkeit durch den porösen Beton an der Verankerung. Zusätzlich waren die in den Hohlraum der Spanngliedern enthaltenen Stahldrähte teilweise nicht vollständig vom zur Füllung verwendeten Mörtel umschlossen und berührten daher den unteren Rand, s. Abb. 1.4(a) im Vergleich zu einer vollständigen Umschließung in Abb. 1.4(b). Der weiterhin erkennbare unterschiedliche Füllungsgrad der Hohlräume, der poröse Mörtel sowie die entstehenden Spalte zwischen den Spanngliedern, den Auflageflächen und den Stahldrähten führten zur Ansammlung eines wäßrigen Korrosionsmediums und der Aufnahme des bei den Korrosionsprozessen freigesetzten Wasserstoffs in den Stahl. Dies führte zu einer Versprödung des Werkstoffs. Die Schadensursache ist somit auf die Bildung einer Korrosionsumgebung zurückzuführen, die zusammen mit dem unter Zugspannung stehenen Werkstoff zur wasserstoffinduzierten Spannungsrißkorrosion geführt hat. Dieser Umstand führte zum spröden Versagen der Verbindungen von acht Plattenstreifen am Verankerungsort des Ringbalkens (Primärschaden). Infolge der nun auftretenden Überlastung der verbleibenden Plattenstreifen kam es zum

(a) Nach duktilem Versagen, Verbindung zum Randbogen

(b) Nach sprödem Versagen, Verbindung zum Ringbalken

Abbildung 1.3: Bruchoberflächen der Stahldrähte [Isecke, 1982]

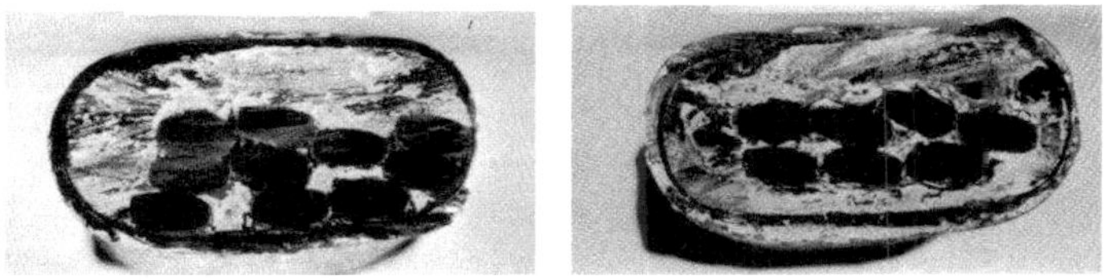

(a) Unvollständig umschlossen (b) Vollständig umschlossen

Abbildung 1.4: Aufgefüllter Hohlraum des Spannelements [Isecke, 1982]

dortigen Versagen der Verbindungen am Randbogen und damit zu den zusätzlich aufgetretenen duktilen Brüchen (Sekundärschaden). An diesem Beispiel läßt sich deutlich erkennen, daß die durch konstruktive und bauliche Mängel bedingte Bildung eines sogenannten kritischen Systems, s. Abb. 1.5, zur wasserstoffinduzierten Spannungsrißkorrosion geführt hat.

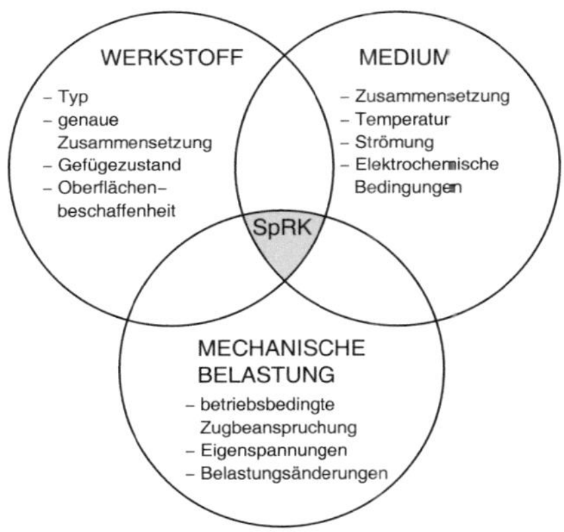

Abbildung 1.5: Kritisches System [Lange, 2001]

Der Ablauf der wSpRK wird wie folgt verstanden. Zu Beginn gelangt atomarer Wasserstoff in den Werkstoff. Dies kann durch elektrochemische Beladung oder durch Absorption einer Gasphase während der Applikation einer mechanischen Last geschehen (External Hydrogen Assisted Cracking) [Gangloff, 2003]. Wasserstoff kann ebenfalls bereits vor der eigentlichen Belastung in den Werkstoff eingebracht worden sein, beispielsweise während des Fertigungs- und Bearbeitungsprozesses (Internal Hydrogen Assisted Cracking). Der Wasserstoff diffundiert nun durch das Metallgitter und akkumuliert einerseits in den Zonen mit signifikanter Spannungsüberhöhung, dazu gehören insbesondere Spannungssingularitäten wie Rißspitzen oder scharfe Kerben. Andererseits erfolgt in den Zonen hoher plastischer Deformation eine Immobilisation des atomaren Wasserstoffs an Materialimperfektionen, die als Haftstellen fungieren. Die Interaktion zwischen atomarem Wasserstoff und Werkstoff führt zu einer versprödeten Rißprozesszone. Nach der Rißinitiierung erfolgt ein spontanes Rißwachstum, und der Werkstoff versagt anschließend spröde.

In Ergänzung zu den experimentellen Untersuchungen zur Empfindlichkeit des betrachteten Werkstoffs gegenüber wSpRK stellt die vorliegende Arbeit eine theoretische Herangehensweise für eine solche Untersuchung dar. Die Finite-Elemente-Methode wird mit einer wechselseitig gekoppelten mechanisch-stofflichen Analyse verwendet, um wSpRK zu simulieren. In der vorliegenden Arbeit wurde der Vorgang der wSpRK an einem Stahl untersucht, in dem der im Werkstoff gelöste atomare Wasserstoff die Bruchzähigkeit vermindert und zu einer Abnahme der Modus-I-Rißzähigkeit auf bis zu 24 % führt [Dietzel, 1991].

Die beschriebene Phänomenologie wird in vier Gebiete unterteilt: i) Oberflächenkinetik, ii) Diffusion, iii) Deformation und iv) Rißwachstum, s. Abb. 1.6.

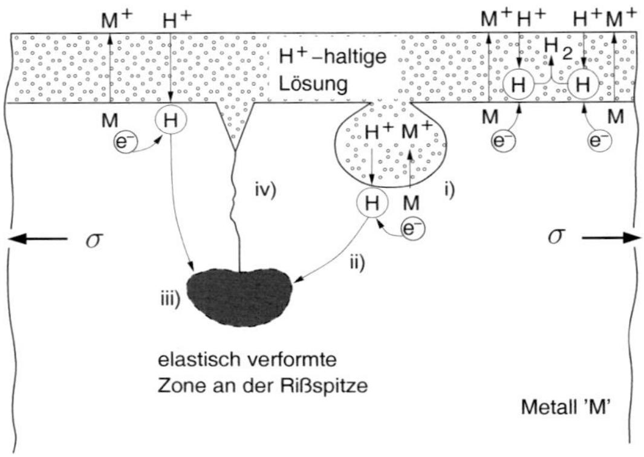

Abbildung 1.6: Unterteilung der Phänomenologie

Die *Oberflächenkinetik* an der Materialgrenzschicht, die die Wechselwirkungen mit der Umgebung beschreibt, ist entscheidend für die Bestimmung der Konzentration des gelösten atomaren Wasserstoffs, der für die Diffusion innerhalb des Werkstoffs verfügbar ist. Deckschichten und Korrosionsablagerungen vermindern das Lösungsvermögen des Werkstoffs. Die Sättigungskonzentration wird daher erst zeitverzögert erreicht. Nach dem Einsetzen des Rißwachstums verändert sich die Situation. Die neu entstandenen Rißoberflächen stellen eine nur geringe Energiebarriere für die Wasserstoffaufnahme dar, so daß eine Zeitverzögerung infolge Deckschichten in diesem Falle vernachlässigbar ist. Die Sorptionsphänomenologie von Wasserstoff wurde von [Wang, 1936] in einem Chemisorptionsmodell formuliert und weiter von [Zhang and Zheng, 1998] verwendet, um diese auf Permeationsexperimente anzuwenden. Dieses Modell wird in der vorliegenden Arbeit verwendet. Adsorptions-, Absorptions- und Desorptionsraten sowie die Diffusion durch die Grenzschicht hindurch werden dabei als maßgebliche Kenngrößen der beschriebenen Vorgänge herangezogen. Die Festlegung der Ratenparameter wird auf der Grundlage von experimentellen Ergebnissen aus Permeationsuntersuchungen der Methodik von [Devanathan and Stachursky, 1962] folgend vorgenommen, die vorher am hier behandelten Werkstoff von [Juilfs, 2001] durchgeführt wurden. Die daraus erhaltenen zeitabhängigen

Permeationsstromdichten geben sehr deutliche Hinweise auf den zeitabhängigen Aufbau der Konzentration des atomaren Wasserstoffs. Diese Methodik ist anwendbar, da sich sowohl die Sorptions- als auch die Permeationskinetik mit Grenzflächenwechselwirkungen auseinandersetzen. Bei den hier und auch üblicherweise verwendeten Probenstärken von $d = 1\ mm$ [Dietzel et al., 2006; Juilfs, 2001] bis $d = 35\ \mu m$ [Flis et al., 1999; Flis-Kabulska et al., 2007, 2008] treten Grenzflächeneffekte stärker als bei dickeren Proben hervor, da die Volumendiffusion nicht als dominierend angesehen werden kann. Als Sorbent wird hierbei der nach der „oberflächennahen Schicht" folgende Werkstoff angesehen. Das Sorptiv liegt in der Umgebung als molekularer Wasserstoff vor, welches nach Adsorption, Dissoziation und Absorption dann als Sorbat im Werkstoff gelöst vorliegt. Hierbei fungiert die „oberflächennahe Schicht" als Grenzfläche, die vom Sorptiv überwunden werden muß. Diese Verbindung zwischen Sorption und Permeation wurde bereits in [Ali-Khan et al., 1978] herangezogen. Die Einlagerung von atomaren Wasserstoff erfolgt überwiegend in Tetraeder- (α-Fe) bzw. auch in energetisch ungünstigeren Oktaederplätzen (γ-Fe) [Jiang and Carter, 2004b]. Da letztendlich die Einlagerung des Sorbats als Ausgleichsvorgang zur Herstellung eines Gleichgewichts zwischen verschiedenen Phasen begründet ist, wird die Löslichkeit durch eine Verschiebung des Gleichgewichtspunktes verändert. Das chemische Potential ist abhängig von Druck und Temperatur, so daß bei einer Veränderung dieser Umgebungsgrößen die Löslichkeit signifikant schwanken kann [Da Silva and McLellan, 1976; da Silva et al., 1976; Sugimoto and Fukai, 1992]. Zusätzlich beeinflußt eine aufgebrachte plastische Deformation ebenfalls die Ergebnisse der Permeation, wie an dem hier untersuchten Werkstoff herausgestellt werden konnte [Dietzel et al., 2006; Juilfs, 2001], da die Haftstellendichte zunimmt [Maier et al., 1991] und der dort immobilisierte Wasserstoff nicht mehr ohne weiteres ausgasen kann [Zakroczymski, 1999]. Promotoren, wie beispielsweise P, As, Sb sowie S, Se, Te fördern die Aufnahme von Wasserstoff [Flis-Kabulska et al., 2007] ebenso wie das Anlegen eines kathodischen Schutzpotentials [Flis et al., 1999]. Im Gegensatz dazu verhindern sich bildende Deckschichten die Aufnahme von Wasserstoff, in dem sie Oxidfilme bilden [Flis-Kabulska et al., 2008].

Durch den Vorgang der *Diffusion* breitet sich der atomare Wasserstoff im Werkstoff aus. Dieser Stofftransport wird durch das Spannungsfeld beeinflußt, da das chemische Potential unter anderem Spannungsgradienten enthält [Alefeld and Voelkl, 1978; Fukai, 2005]. Bereiche hoher Spannungskonzentrationen führen zu einer hohen elastischen Gitteraufweitung. Ein verstärktes Einsetzen von Stofftransportprozessen in diese Bereiche ist zu beobachten. Die plastischen Prozesse nehmen ebenfalls zu und somit auch die damit verbundene Dichte der Materialfehlstellen. Diese Gefügeinhomogenitäten fungieren als Störpotential und verhalten sich gegenüber atomar gelöstem Wasserstoff wie Haftstellen. Diese binden den frei beweglichen Wasserstoff und entziehen ihn somit der Gitterdiffusion (auch bekannt als „trapping"). Daher akkumuliert atomar gelöster Wasserstoff sowohl in Bereichen hoher plastischer Deformation als auch in Zonen hoher hydrostatischer Spannung. Die Wasserstoffdiffusion wird mit Hilfe einer erweiterten Diffusionsgleichung beschrieben, die zwischen Wasserstoff in Haft- und Gitterstellen unterscheidet [McNabb and Foster, 1963; Oriani, 1970], damit der Haftstellenmechanismus der Materialimperfektionen berücksichtigt werden kann. In dieser Diffusionsgleichung steuern mechanische

Größen, wie beispielsweise der Gradient der hydrostatischen Spannung, die akkumulierte plastische Vergleichsdehnung und die Dehnrate einen Beitrag sowohl zum Transportterm als auch direkt zur lokalen zeitlichen Änderung der Wasserstoffkonzentration bei.

Das *Deformationsverhalten* wird mit Hilfe eines elastisch-plastischen Gesetzes nach v. Mises mit isotroper Verfestigung modelliert. In [Robertson, 2001] wurde mit Hilfe einer TEM[1] in-situ Studie experimentell nachgewiesen, daß die Mobilität von Versetzungen durch die Anwesenheit von atomaren Wasserstoff erhöht wird. Es wurde davon ausgegangen, daß der gelöste Wasserstoff eine Atmosphäre erzeugt, die die Versetzungen umschließt und damit die zur Versetzungsbewegung gegenüber der Umgebung notwendige Energiebarriere vermindert. Mit dem aus dieser Studie abgeleiteten Degradationsmechanismus wurde das sogenannte HELP[2]-Modell begründet, welches einen Einfluß des Wasserstoffs auf die lokale Fließgrenze berücksichtigt. Die Multiplikation der ursprünglichen und vom Wasserstoff unbeeinflußten Fließgrenze mit einer konzentrationsabhängigen Funktion führt zu einer Abhängigkeit von der lokalen Wasserstoffkonzentration [Beachem, 1972; Birnbaum and Sofronis, 1994].

Das *Rißwachstum* wird mit Hilfe eines Kohäsivzonenmodells modelliert. Die Grundlagen für das Kohäsivzonenmodell wurden durch [Barenblatt, 1962] in Form eines Separationsgesetzes für die Dekohäsion von Atomgittern gelegt. Dadurch konnte die Spannungssingularität an der Rißspitze in der linear-elastischen Bruchmechanik verhindert werden. Das Separationsgesetz beschreibt die (Kohäsiv-) Spannungsantwort auf eine Separation zweier sich ausbildenden Materialoberflächen. Die Kohäsivfestigkeit bestimmt zusammen mit der kritischen Separation und dem Separationsgesetz die Separationsenergie, die aufzuwenden ist, um eine komplette Materialseparation herbeizuführen. Beim Erreichen des Wertes der kritischen Separation setzt gleichzeitig das Rißwachstum ein. Dem HEDE[3]-Mechanismus folgend wird durch Wasserstoff eine Verminderung der interatomaren Bindungsfestigkeit hervorgerufen [Oriani and Josephic, 1974; Oriani, 1972; Troiano, 1960]. Daher wird in dem hier zur Anwendung kommenden Kohäsivzonenmodell die Kohäsivfestigkeit durch die Anwesenheit von Wasserstoff herabgesetzt.

Beide Degradationsmodelle, HEDE und HELP, sind sowohl in der experimentellen Gemeinschaft [Birnbaum, 1990; Bond et al., 1988, 1989] bzgl. HELP und [Gerberich and Foecke, 1990; Gerberich and Wright, 1981; Gerberich et al., 1993; Moody and Robinson, 1993; Moody et al., 1988, 1990a,b] bzgl. HEDE als auch in der theoretischen Gemeinschaft [Hoagland and Heinisch, 1992] bzgl. HELP und [Angelo et al., 1993; Fu and Painter, 1991; Moody and Foiles, 1992, 1991] bzgl. HEDE etabliert.

Im Zuge der Implementierung der genannten Teilgebiete *Oberflächenkinetik*, *Diffusion*, *Deformation* und *Rißwachstum* in eine FE-Softwareumgebung liefert die Simulation zielführende Resultate. Im simulierten Modell können die Konzentrationsfelder des Was-

[1] Transmissionen-Elektronen-Mikroskopie
[2] Hydrogen Enhanced Localised Plasticity
[3] Hydrogen Enhanced Decohesion

serstoffs und die mechanischen Feldgrößen ausgewertet und CTOD-Rißwiderstandskurven (R-Kurven) sowie Kraft-Verformungskurven generiert werden. Um die hier theoretisch erzeugten Ergebnisse zu validieren, wurden Ergebnisse aus im Vorfeld durchgeführten experimentellen Untersuchungen an C(T)-40-Bruchmechanikproben in einem korrosiven Medium herangezogen. Hierbei wurden unter anderem R-Kurven aufgenommen, die eine Aussage über das Rißwachstumsverhalten zulassen [ASTM E 1820 - 99a, 2000]. Bei Durchführung der genannten Bruchmechanikversuche in einer korrosiven Umgebung ist man in der Lage, die Wechselwirkungen zu untersuchen, die hier zwischen dem im Werkstoff agierenden Korrosionsmedium und den mechanischen Prozessen stattfinden [Dietzel, 1991]. Solche Versuche erfordern nicht nur einen hohen apparativen und meßtechnischen Aufwand, sie sind insbesondere auch sehr zeit- und damit kostenintensiv. Das Ziel der vorliegenden Untersuchung besteht daher darin, diese Bruchmechanikversuche in einer korrosiven Umgebung zu simulieren, um den Vorgang der wSpRK abzubilden.

Bisher wurden Untersuchungen mit gleicher bzw. ähnlicher Zielsetzung durchgeführt. Ausgehend von [Sofronis and McMeeking, 1989] sowie den Arbeiten von [Krom et al., 1997, 1999a,b], die sich hauptsächlich mit der Wasserstoffdiffusion auseinandersetzten, führten weitergehende Untersuchungen auf die Simulation des Einflusses von Wasserstoff auf das Rißwachstum. In [Scheider et al., 2008] diskutierten die Autoren den Einfluß des Wasserstoffs auf die Kohäsivfestigkeit, um Rißwachstum mit Hilfe eines Kohäsivzonenmodells zu simulieren. Sie verwendeten einen phänomenologischen Anpassungsparameter zur Reduktion der Kohäsivfestigkeit sowie eine konventionelle Diffusionsgleichung nach Fick. Tiefergehende Zusammenhänge über physikalische Ursachen, die zur Reduktion der Kohäsivfestigkeit führen sowie eine Berücksichtigung des „trapping"-Effektes wurden mit diesen Simulationen nicht abgebildet. In [Olden et al., 2007, 2008; Serebrinsky et al., 2004] wurde ebenfalls der Einfluß von Wasserstoff auf das Separationsgesetz eines Kohäsivzonenmodells untersucht. Hierfür wurde der HEDE-Mechanismus als mikrophysikalische Begründung herangezogen. Zur Simulation der Wasserstoffdiffusion wurde von [Serebrinsky et al., 2004] ein Diffusionsgesetz mit mechanischen Spannungstermen verwendet, [Olden et al., 2007, 2008] benutzte ein in der FE-Softwareumgebung Abaqus bereits enthaltenes erweitertes Diffusionsgesetz; beide bildeten ebenfalls kein „trapping" ab. Dies wurde stattdessen in diesen beiden Untersuchungen mit Hilfe einer effektiven Diffusionskonstante modelliert. Hinsichtlich des HELP-Mechanismus wurden von [Liang et al., 2004; Sofronis et al., 2001] Untersuchungen vorgestellt, die auf eine Modellierung der zeitabhängigen Wasserstofftransportvorgänge verzichteten und ausschließlich Gleichgewichtszustände auswerteten. Hierbei konzentrierten sich die Berechnungen auf die Einflüsse des Wasserstoffs auf plastische Vorgänge, eine Betrachtung des Rißwachstums erfolgte nicht. Anhand dieses Kurzüberblicks ist erkennbar, daß eine Verbindung von erweiterter Diffusion sowohl mit Rißwachstumsprozessen als auch plastischen Prozessen im Rahmen einer Simulation nicht verfolgt wurde. Eine weitergehende zusätzliche Berücksichtigung von Oberflächenprozessen erfolgte in keiner der genannten numerischen Simulationen.

Neben Stahlwerkstoffen spielen auch Nichteisenmetalle als Konstruktionswerkstoffe eine besondere Rolle. Im Leichtbau wird eine Gewichtsoptimierung durch besonders leichte Werkstoffe herbeigeführt. Hierfür kommen insbesondere Werkstofflegierungen aus Titan, Aluminium und Magnesium beispielsweise in der Raumfahrt zum Einsatz. Auch diese Werkstoffe sind empfindlich gegenüber wSpRK [Bond et al., 1987, 1988; Lynch, 1988; Shih et al., 1988; Somerday, 1998; Somerday et al., submitted; Song et al., 2005; Swann et al., 1977; Winzer et al., 2007, 2008]. Die Modellierung des Verhaltens dieser Werkstoffe ist allerdings nicht Bestandteil der vorliegenden Arbeit. Dennoch sollte eine Übertragung des hier erstellten Modells auf andere Werkstoffe grundsätzlich aufgrund der phänomenologischen Beschreibung möglich sein.

Kapitel 2

Theoretischer Hintergrund

Die Modellierung wird in die folgenden vier Teilgebiete Oberflächenkinetik, Diffusion, Deformation und Rißwachstum eingeteilt. Der jeweilige theoretische Hintergrund zu diesen Teilgebieten wird nun nachfolgend behandelt.

2.1 Oberflächenkinetik

Die Aufnahme von Wasserstoff in den Werkstoff wird durch physikalisch-chemische Vorgänge an der Grenzfläche bestimmt, s. Anhang A. An dem folgenden Modell wird die Einteilung der Prozesse verdeutlicht, s. Abb. 2.1. Der Werkstoff ist auf Seite (1) dem wasserstoffhaltigen Medium sowie dem Druck p_1 ausgesetzt. Bezüglich des auf Seite (2) angenommenen Referenzzustandes besteht ein Ungleichgewicht zwischen den jeweiligen chemischen Potentialen. Daher setzt ein Stoffstrom durch den Werkstoff ein, der diesen Potentialunterschied ausgleicht. Die Aufgliederung in Teilprozesse wird gemäß [Wang, 1936] wie folgt angenommen:

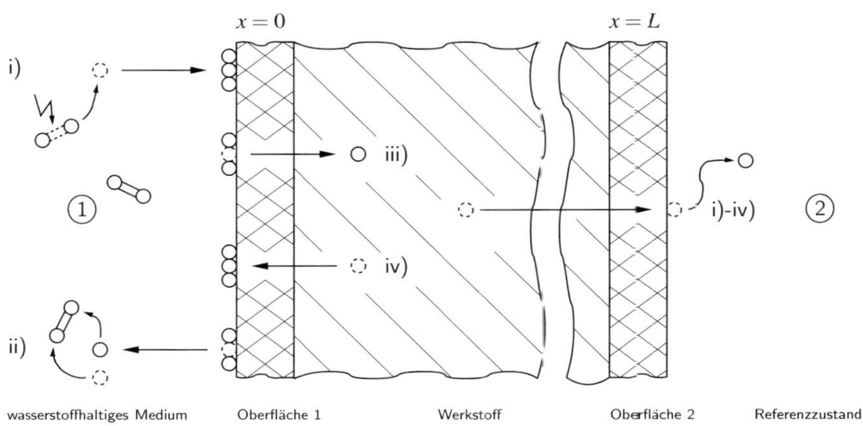

Abbildung 2.1: Teilprozesse der Wasserstoffaufnahme

i) *Dissoziation* der Wasserstoffmoleküle im wasserstoffhaltigen Medium und anschließende *Adsorption* der Wasserstoffatome an der Werkstoffoberfläche

$$J^+_{ads} = \alpha_1 p_1 (1-\theta_1)^2, \tag{2.1.1}$$

ii) *Rekombination* zweier adsorbierter Wasserstoffatome der Werkstoffoberfläche zu einem Molekül und *Desorption* in das Umgebungsmedium (Umkehrung von i))

$$J^-_{ads} = \delta_1 \theta_1^2, \tag{2.1.2}$$

iii) *Absorption* der an der Werkstoffoberfläche adsorbierten Wasserstoffatome in das Werkstoffinnere

$$J^+_{abs} = \gamma_1 \theta_1, \tag{2.1.3}$$

iv) Übergang von im Werkstoffinnern gelösten Wasserstoffatomen an die Werkstoffoberfläche mit anschließender *Adsorption* (Umkehrung von iii))

$$J^-_{abs} = \beta_1 C_1 (1-\theta_1), \tag{2.1.4}$$

hierbei bezeichnen $\alpha_1, \beta_1, \gamma_1, \delta_1$ Konstanten, θ_1 den Anteil der durch adsorbierte Wasserstoffatome bedeckten Werkstoffoberfläche, p_1 den in der wasserstoffhaltigen Umgebung herrschenden Druck und C_1 die Konzentration des Wasserstoffs innerhalb des Werkstoffs unmittelbar unter der Werkstoffoberfläche. Für die Stoffströme an Seite ① ergeben sich demnach die Zusammenhänge

$$J_{ads,1} = \alpha_1 p_1 (1-\theta_1)^2 - \delta_1 \theta_1^2 \tag{2.1.5}$$

$$J_{abs,1} = \gamma_1 \theta_1 - \beta_1 C_1 (1-\theta_1), \tag{2.1.6}$$

für die Seite ② erhält man die Stoffströme durch den Wechsel der jeweiligen Vorzeichen zu

$$J_{ads,2} = \delta_2 \theta_2^2 - \alpha_2 p_2 (1-\theta_2)^2 \tag{2.1.7}$$

$$J_{abs,2} = \beta_2 C_2 (1-\theta_2) - \gamma_2 \theta_2, \tag{2.1.8}$$

hierbei entsprechen $\alpha_2, \beta_2, \delta_2, \gamma_2, \theta_2, p_2, C_2$ den zu Seite ① korrespondierenden Größen. Im Gleichgewichtszustand ergibt sich für $p_1 = p_2 = p$ sowie $J_{ads,i} = J_{abs,i} = 0$ der als Sievertsches Gesetz bekannte Zusammenhang

$$C_{eq} = \sqrt{\frac{\alpha}{\delta}\frac{\gamma}{\beta}}\sqrt{p}, \tag{2.1.9}$$

der eine Proportionalität der Gleichgewichtskonzentration C_{eq} zu $\sqrt{p}$ beschreibt. Die Bilanzierung der Stoffströme mit den Gl. (2.1.5) und (2.1.6) für $x = 0$ bzw. mit den Gl. (2.1.7) und (2.1.8) für $x = L$ ergibt unter Berücksichtigung des 1. Fickschen Gesetzes [Zhang and Zheng, 1998]

$$k_1^+ p_1 - k_1^- C_1 = -D_{sor}\frac{\partial C_1}{\partial x} \quad \text{für } x = 0 \tag{2.1.10}$$

$$k_2^- C_2 - k_2^+ p_2 = -D_{sor}\frac{\partial C_2}{\partial x} \quad \text{für } x = L, \tag{2.1.11}$$

hierbei sind k_i^+ und k_i^- Parameter, die die jeweilige Sorptionsrate für $i = 1, 2$ beschreiben

$$k_i^+ = \frac{\alpha_i \gamma_i (1-\theta_i)^2}{\gamma_i + \delta_i \theta_i} \tag{2.1.12}$$

$$k_i^- = \frac{\beta_i \delta_i \theta_i (1-\theta_i)}{\gamma_i + \delta_i \theta_i}. \tag{2.1.13}$$

Für die Beschreibung der Permeationsversuche durch dieses Chemisorptionsmodell werden folgende Annahmen getroffen:

- Oberflächenkinetische Eigenschaften der beiden Grenzflächen sind gleich ($k_1^+ = k_2^+$ und $k_1^- = k_2^-$).
- Auf beiden Oberflächen herrscht während des Permeationsversuchs jeweils ein konstanter Druck, zusätzlich ist der Druck auf der Austrittsseite aufgrund des Vakuums gleich null ($p_1 = konst.$ und $p_2 = 0$).
- Die Anfangskonzentration im Werkstoff ist gleich null ($C(x,t)|_{t=0} = 0$).

Damit ist folgendes System zu lösen:

$$\frac{\partial C}{\partial t} = D_{sor}\frac{\partial^2 C}{\partial x^2} \tag{2.1.14}$$

$$C(x,t)|_{t=0} = 0 \tag{2.1.15}$$

$$\left.(D_{sor}\frac{\partial C}{\partial x} - kC)\right|_{x=0} = -k_p \tag{2.1.16}$$

$$\left.(D_{sor}\frac{\partial C}{\partial x} + kC)\right|_{x=L} = 0, \tag{2.1.17}$$

hierbei ist t die Zeit und $k = k_1^- = k_2^-$ sowie $k_p = k_1^+ p_1$, $C_1 = C(x=0)$ und $C_2 = C(x=L)$. Die Lösung der Gleichungen (2.1.14)-(2.1.17) lautet

$$C = px + q - \sum_{m=1}^{\infty} A_m e^{-D_{sor}\lambda_m^2 t}[D_{sor}\lambda_m \cos(\lambda_m x) + k\sin(\lambda_m x)] \tag{2.1.18}$$

mit den Konstanten

$$p = -\frac{k_p}{2D_{sor}+kL}, \quad q = \frac{k_p(D_{sor}+kL)}{2kD_{sor}+k^2L}, \quad A_m = \frac{2k_p}{\lambda_m[(D_{sor}^2\lambda_m^2+k^2)L+2kD_{sor}]}, \tag{2.1.19}$$

wobei λ_m aus der Eigenwertgleichung

$$\tan(\lambda_m L) = \frac{2kD_{sor}\lambda_m}{D_{sor}^2\lambda_m^2 - k^2} \tag{2.1.20}$$

bestimmt wird. Eine detaillierte numerische Auswertung dieser Gleichung erfolgt im Anhang B. Für den Permeationsfluß J ergibt sich der Ausdruck

$$J = \frac{D_{sor}k_p}{2D_{sor}+kL} + \sum_{m=1}^{\infty} D_{sor}\lambda_m A_m e^{-D_{sor}\lambda_m^2 t}[k\cos(\lambda_m L) - D_{sor}\lambda_m \sin(\lambda_m L)]. \tag{2.1.21}$$

Der Gleichgewichtswert für den Permeationsfluß

$$J_\infty = \frac{D_{sor}k_p}{2D_{sor}+kL} \tag{2.1.22}$$

führt auf den normalisierten Permeationsfluß

$$\frac{J}{J_\infty} = 1 + 2(2D_{sor}+kL)\sum_{m=1}^{\infty} \frac{e^{-D_{sor}\lambda_m^2 t}[k\cos(\lambda_m L) - D_{sor}\lambda_m \sin(\lambda_m L)]}{[(D_{sor}^2\lambda_m^2 + k^2)L + 2kD_{sor}].} \tag{2.1.23}$$

Der Permeationsfluß wird durch das Faradaysche Gesetz mit dem Permeationsstrom I_p ins Verhältnis gesetzt, s. Gl. (2.1.24)

$$I_p = zFA_{perm}J. \tag{2.1.24}$$

Hierbei bezeichnet z die Ladungszahl, F die Faraday-Konstante und A_{perm} die Permeationsfläche. Der Diffusionskoeffizient D_{sor} sowie die Desorptionsrate k wird durch eine Anpassung der durch Gl. (2.1.23) erzeugten Kurve an die experimentelle normierte Permeationsstromdichtekurve, k_p durch den Permeationsfluß im Gleichgewichtszustand Gl. (2.1.22) bestimmt.

Diese detaillierte Auflösung der Grenzschichtphänomenologie wird bei der Beschreibung der der wSpRK zugrunde liegenden Vorgänge in anderen Arbeiten selten herangezogen. Häufig wird zu Modellierungszwecken eine Gleichgewichtskonzentration, s. Gl. (2.1.9), im Werkstoff angenommen, die ohne Zeitverzögerung unmittelbar vorhanden sein soll. Bei der Auswertung von Permeationsversuchen, die vorzugsweise der Bestimmung von Diffusionskoeffizienten bzw. der zugehörigen Aktivierungsenthalpien dienen, treten große Streubereiche in diesen Größen auf. Eine Sammlung von insgesamt 46 Datensätzen stellten [Alefeld and Voelkl, 1978] zusammen, in denen gerade für niedrige Temperaturen die Diffusionskoeffizienten um bis zu vier Größenordnungen schwanken; auch die Diffusions-Aktivierungsenthalpien weisen hier einen Streubereich im Intervall von $4,52 - 69,1\ kJ/mol$ auf. Alle diese Werte wurden durch die sogenannte Time-lag-Methode [Daynes, 1920] mit Hilfe von Gl. (2.1.25) aus den Permeationsversuchen abgeleitet. Diese Methode bezeichnet die Auswertung des Permeationsversuchs durch die Messung der Durchbruchszeit t_L, die das Erreichen des 68 %igen Gleichgewichtspermeationsflusses J_∞ kennzeichnet. Mit Hilfe dieses Meßwertes wird der effektive Diffusionskoeffizient D_{eff} durch den Zusammenhang

$$D_{eff} = \frac{L^2}{6t_L} \tag{2.1.25}$$

berechnet, hierbei bezeichnet L die Dicke der Probe. Diese Berechnung der Diffusionskoeffizienten wurde ohne eine Auflösung oberflächenkinetischer Vorgänge vorgenommen, so daß hierdurch der große Streubereich in den Datensätzen erklärbar wäre. Gerade Deckschichtbildung und Wechselwirkungen mit Haftstellen spielen teilweise eine beachtliche Rolle. So wurde gerade für den hier untersuchten Werkstoff ermittelt, daß ein als Deckschicht fungierender $Fe(OH)_2$-Film sowohl den maximalen Permeationsstrom als auch den effektiven Diffusionskoeffizienten um mehr als 50 % des Wertes reduziert, der im deckschichtfreien Zustand erreichbar wäre [Juilfs, 2001].

Mit Hilfe des hier verwendeten Chemisorptionsmodells wurde in der vorliegenden Arbeit eine Neuauswertung der Permeationsversuche von [Juilfs, 2001] vorgenommen. Für Modellierungszwecke wurde die Dirichlet-Randbedingung des Wasserstoffzutritts in der Simulation mit Hilfe von Gl. (2.1.18) an den entsprechenden Knoten der Elemente appliziert.

2.2 Diffusion

Die Diffusion von atomarem Wasserstoff in Stahllegierungen wird durch ein erweitertes Transportmodell basierend auf den Untersuchungen von [Sofronis and McMeeking, 1989] beschrieben, das sich auf die Gleichgewichtstheorie von [Johnson and Lin, 1981; Oriani, 1970] bezieht und mechanische Einflüsse berücksichtigt. Der Diffusionsprozeß erfolgt durch gewöhnliche Platzwechselvorgänge innerhalb der Gitterstruktur über interstitielle Gitterplätze. Der Transport durch Versetzungsbewegungen wird nicht berücksichtigt [Ladna and Birnbaum, 1987]. Die in einem realen Werkstoff auftretenden Materialimperfektionen führen zu verteilten Störpotentialen, die die Transportvorgänge im Zuge des Konzentrationsausgleichs überlagern. Im Zusammenhang mit mechanischen Deformationen müssen Effekte resultierend aus der *elastischen* Gitteraufweitung berücksichtigt werden, die die Löslichkeit der Gefügestruktur erhöhen. Zusätzlich nimmt mit wachsender *plastischer* Deformation die Dichte der Materialinhomogenitäten, insbesondere der Versetzungen, zu. Diese fungieren durch ihr Störpotential als Haftstellen für den atomar gelösten Wasserstoff. Es wird in dem hier verwendeten Modell daher zwischen dem sogenannten Haftstellenwasserstoff und dem Gitterwasserstoff unterschieden, s. Abb. 2.2. Der Haftstellenwasserstoff wird als der der freien Gitterdiffusion entzogene Wasserstoff betrachtet. Für die Quantifizierung wird das Modell eines idealisierten Metallgitters verwendet. Die Konzentration des Wasserstoffs in Gitterstellen setzt sich aus

$$C_L = \theta_L \beta N_L \tag{2.2.1}$$

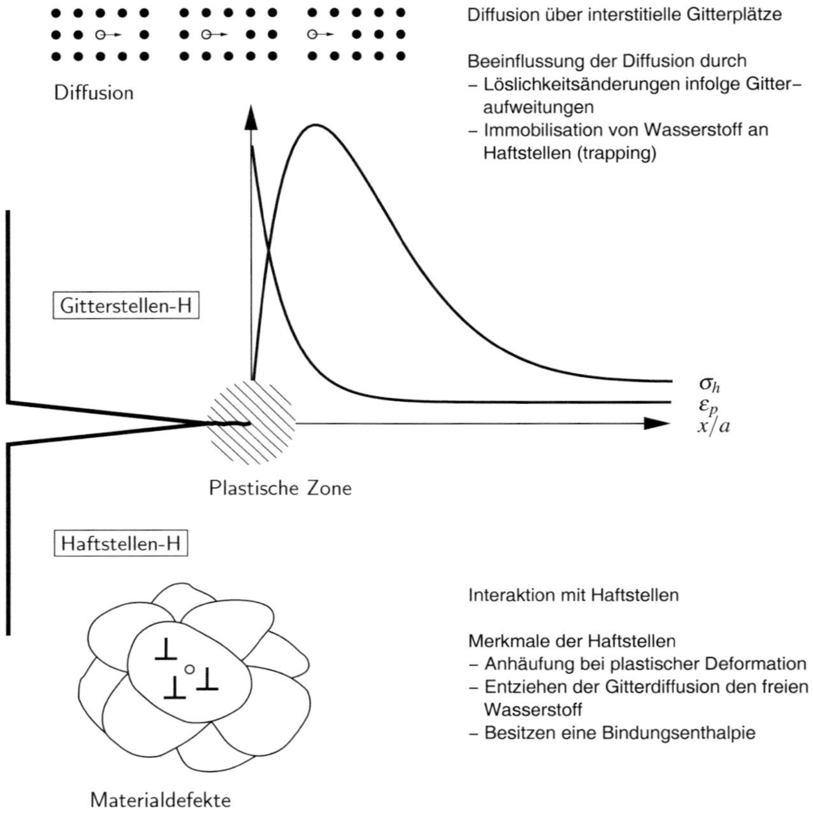

Abbildung 2.2: Übersicht zur Wasserstoffdiffusion

zusammen. Hier benennt C_L die Anzahl der Wasserstoffatome pro Gittereinheitsvolumen, β die Anzahl der dortigen interstitiellen Gittereinlagerungsorte pro Atom des Solvens, s. Tab. 2.1 und Abb. 2.3, θ_L die Besetzung der verfügbaren Gittereinlagerungsorte durch Wasserstoffatome und N_L die Anzahl der Gitteratome des Solvens in einem Gittereinheitsvolumen. Genauso wird die Konzentration des Wasserstoffs in Haftstellen als

$$C_T = \theta_T \alpha N_T \tag{2.2.2}$$

definiert. In diesem Falle bezeichnet C_T die Anzahl der in Haftstellen gebundenen Wasserstoffatome pro Gittereinheitsvolumen, α die Anzahl der Haftstelleneinlagerungsorte pro Haftstelle, θ_T die Besetzung der verfügbaren Haftstellen durch Wasserstoffatome und N_T ist die Anzahl der Haftstellen in einem Gittereinheitsvolumen.

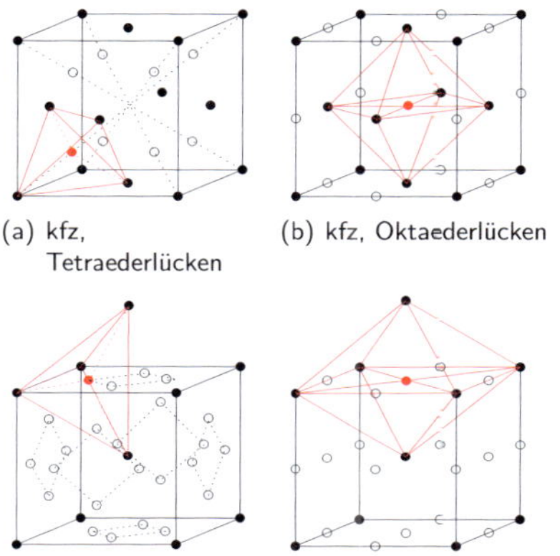

(a) kfz, Tetraederlücken (b) kfz, Oktaederlücken

(c) krz, Tetraederlücken (d) krz, Oktaederlücken

Abbildung 2.3: Darstellung der interstitiellen Gittereinlagerungsorte im krz- und kfz-Gittersystem

		Tetraederplätze pro		Oktaederplätze pro	
System	Metallatome	Elementarzelle	**Metallatom**	Elementarzelle	Metallatom
kfz	4	8	2	4	1
krz	2	12	**6**	6	3

Tabelle 2.1: Interstitielle Gittereinlagerungsplätze in der krz- / kfz-Elementarzelle

Folgende Parameterauswahl wurde gemäß [Hirth, 1980; Wang et al., 1985] getroffen:

- $\alpha = 1$ unter der Annahme, daß pro Haftstelle nur ein Wasserstoffatom gebunden werden kann.

- $\beta = 6$ unter der Annahme, daß Diffusion über energetisch günstige krz-Tetraederplätze stattfindet, s. Abb. 2.3(c).

Die Gitterstellendichte N_L und die Haftstellendichte N_T werden, wenn die Anzahl der Haftstellen pro Einheitsvolumen αN_T klein im Vergleich zu den verfügbaren interstitiellen Gitterstellen pro Einheitsvolumen βN_L ist, wie folgt berechnet:

$$N_L = \frac{N_A}{V_M} = 8,4643 \cdot 10^{28}\, m^{-3} = 14,1 \cdot 10^4\, mol/m^3 \qquad (2.2.3)$$

unter Verwendung des molaren Volumens von Fe $V_M = 7,115 \cdot 10^{-6}\, m^3 mol^{-1}$ [Davis, 1998] und der Avogadro-Zahl $N_A = 6,022141 \cdot 10^{23}\, mol^{-1}$.

Entgegen den oftmals herangezogenen Ergebnissen von [Kumnick and Johnson, 1980] für die Haftstellendichte wird in dieser Untersuchung der von der plastischen Deformation abhängige Zusammenhang

$$N_T = N_{T0} + N_{T1}\varepsilon_p^n \tag{2.2.4}$$

mit $N_{T0} = 8,8 \cdot 10^{23}\ m^{-3} = 1,46\ mol/m^3$ und $N_{T1} = 4,8 \cdot 10^{24}\ m^{-3} = 7,97\ mol/m^3$ sowie $n = 0,7$ als Anpassungsparameter verwendet. Diese Gleichung folgte aus einer Regressionsanalyse für die in Abhängigkeit von der plastischen Deformation gemessenen effektiven Diffusionskoeffizienten [Juilfs, 2001].

Zwischen Gitter- und Haftstellenwasserstoff stellt [Oriani, 1970] einen Zusammenhang her, der auf der Annahme eines lokalen Gleichgewichts beruht. Ausgehend vom Massenwirkungsgesetz

$$c(H_L) + c(N_T) \leftrightharpoons c(H_T) + c(N_L) \tag{2.2.5}$$

mit den jeweiligen Stoffmengenkonzentrationen $c(H_L) = C_L$, $c(N_T) = \alpha N_T - C_T$, $c(H_T) = C_T$ und $c(N_L) = \beta N_L - C_L$ folgt die Gleichgewichtskonstante

$$K_T = \frac{C_T}{\alpha N_T - C_T}\frac{\beta N_L - C_L}{C_L} = \frac{\theta_T}{1-\theta_T}\frac{1-\theta_L}{\theta_L}. \tag{2.2.6}$$

Die Gleichgewichtskostante K_T definiert das im Gleichgewicht herrschende Verhältnis zwischen Gitter- und Haftstellenwasserstoff und wird mit Hilfe der Haftstellenbindungsenthalpie ΔH_B, der absoluten Temperatur T und der allgemeinen Gaskonstante R mittels

$$K_T = \exp\left(-\frac{\Delta H_B}{RT}\right) \tag{2.2.7}$$

berechnet. In der vorliegenden Arbeit wird mit $\Delta H_B = -60,0\ kJ/mol$ [Kumnick and Johnson, 1980] die Haftstellenbindungsenthalpie für Versetzungsnester in α-Fe angenommen siehe auch Tab. 2.2. Diesen Ausdruck ermittelten [Kumnick and Johnson, 1980] mit Hilfe des McNabb-Foster-Formalismus aus Permeationsexperimenten an deformiertem α-Fe. Die

Störpotential	ΔH_B $[kJ/mol]$
perfektes Gitter	0,0
Pore	-28,6
Versetzung	-20,0
Versetzungsnest	-60,0
freie Oberfläche	-71,0
Korngrenze	-74,0
Fe_3C-Schicht	-84,0

Tabelle 2.2: Haftstellenbindungsenthalpien ΔH_B verschiedener Störpotentiale in α-Fe [Hirth, 1980]

Haftstellenwasserstoffkonzentration ergibt sich aus der Auswertung des Massenwirkungsgesetzes Gl. (2.2.5) zu

$$C_T = \frac{K_T \frac{\alpha}{\beta} \frac{N_T}{N_L} C_L}{1 + \frac{K_T}{\beta N_L} C_L - \theta_L}. \tag{2.2.8}$$

Es wird angenommen, daß die Haftstellen isoliert sind und somit kein inneres Netzwerk bilden. Daher kann ein Transport von Wasserstoff zwischen Haftstellen nur über Gitterdiffusionsprozesse ablaufen. Nur eine Sorte von Haftstellen wird berücksichtigt. Sie ist reversibel und sättigbar.

Die für die Diffusion ursächliche Größe ist das chemische Potential $\overline{\mu}_L$, das sich aus der Gibbsschen freien Enthalpie $G_L(T,p,n)$ des betrachteten Systems ergibt

$$\begin{aligned} dG_L &= \frac{\partial G_L}{\partial T} dT + \frac{\partial G_L}{\partial p} dp + \frac{\partial G_L}{\partial n_L} dn_L \\ &= -SdT + Vdp + \overline{\mu}_L dn_L, \end{aligned} \tag{2.2.9}$$

hierbei bezeichnen T die absolute Temperatur, p den Druck, n_L die Stoffmenge, S die Entropie, V das Volumen und $\overline{\mu}_L$ das chemische Potential. Eingelagerter Wasserstoff verursacht dilatorische Gitteraufweitungen und verrichtet damit eine Arbeit W_σ, die das chemische Potential verändert

$$\overline{\mu}_L = \mu_L + W_\sigma. \tag{2.2.10}$$

Bei angenommener isothermer Prozeßführung ergibt sich das chemische Potential bezüglich eines Referenzzustandes wie folgt:

$$\left(\frac{\partial \overline{\mu}_L}{\partial p}\right)_T = \left(\frac{\partial \left(\frac{\partial G_L}{\partial n_L}\right)_{p,T}}{\partial p}\right)_T = \left(\frac{\partial V}{\partial n_L}\right)_{p,T} = V_L; \tag{2.2.11}$$

die Integration von Gl. (2.2.10) vom Referenzzustand 0 zum Momentanzustand der hier betrachteten Phase des Gitterwasserstoffs ergibt unter Verwendung von Gl. (2.2.11)

$$\int_{\mu_{L0}}^{\mu_L} d\mu_L + \int_{W_{\sigma 0}}^{W_\sigma} dW_\sigma = \int_{p_0}^{p_L} V_L dp = RT \int_{p_0}^{p_L} \frac{dp}{p}. \tag{2.2.12}$$

Das chemische Potential folgt aus Gl. (2.2.12) unter Verwendung der idealen Gasgleichung

$$\mu_L = \mu_{L0} + RT \ln\left(\frac{C_L}{C_0}\right) - \Delta W_\sigma \tag{2.2.13}$$

hierbei ist ΔW_σ der spannungsabhängige Beitrag zum chemischen Potential

$$\Delta W_\sigma = \sigma_h \overline{V}_H, \tag{2.2.14}$$

in dem $\sigma_h = -\frac{1}{3}Sp(\sigma) = -\frac{1}{3}\sigma_{kk}$ die hydrostatische Spannung und $\overline{V}_H$ das partielle molare Volumen von Wasserstoff gelöst in Fe bezeichnet [Hirth, 1980]. Unter Zugspannungen erhöht sich die Löslichkeit der Phase, wohingegen Druckspannungen sie erniedrigen.

Die Wasserstoffdiffusionsgleichung wird nun für eine beliebiges materielles Volumen V mit dem Rand ∂V im euklidischen Raum, s. Abb. 2.4, mit Hilfe der Massenbilanz für Kontinua aufgestellt,

$$\frac{d\mathscr{M}}{dt} = \frac{d}{dt}\int_V \rho dV = 0, \tag{2.2.15}$$

hierbei ist $\mathscr{M}$ die Masse, ρ das Dichtefeld und $\frac{d}{dt}$ die zeitliche Ableitung. Die Dichte

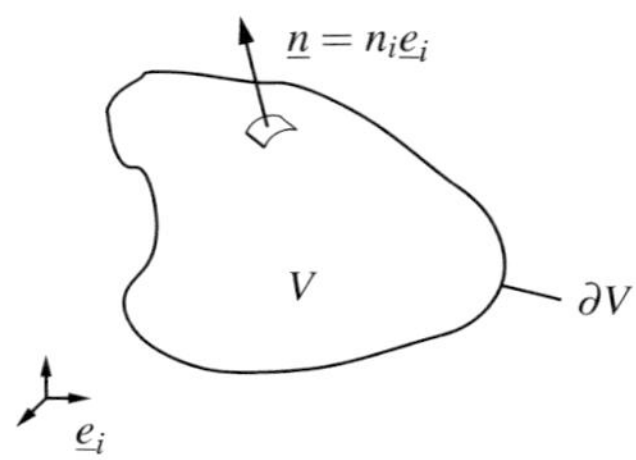

Abbildung 2.4: Materielles Volumen im euklidischen Raum

aus Gl. (2.2.15) wird in das Verhältnis zur molaren Masse von Wasserstoff gesetzt; die Gesamtkonzentration C_H setzt sich daraufhin aus der Konzentration des Gitterwasserstoffs C_L und des Haftstellenwasserstoffs C_T zusammen, daraus folgt

$$\int_V \left\{\frac{\partial C_L}{\partial t} + \frac{\partial C_T}{\partial t}\right\} dV + \int_{\partial V} J_i n_i dA = 0. \tag{2.2.16}$$

J_i bezeichnet hierbei den Wasserstofftransport bzw. -fluß über die Grenze des Integrationsgebietes. Die lokale Änderung der Wasserstoffkonzentration innerhalb V kann demnach nur durch einen Fluß über ∂V erfolgen (Massenerhaltung). In dieser phänomenologischen Beschreibung geht die treibende Kraft zur Diffusion vom chemischen Potential aus [Kedzierzawski, 1985]:

$$J_i^C = -M\frac{\partial \mu_L}{\partial x_i}, \tag{2.2.17}$$

M ist hierbei die Mobilität. Soll eine Diffusion nur über Gitterstellen zulässig sein, so ergibt sich mit $\mu_L = \mu_L(C_L)$

$$J_i = -M\frac{\partial \mu_L}{\partial C_L}\frac{\partial C_L}{\partial x_i}. \tag{2.2.18}$$

Vergleich man diesen Ausdruck mit dem Transportterm der Fickschen Diffusion [Fick, 1855]

$$J_i^F = -D_L \frac{\partial C_L}{\partial x_i} \tag{2.2.19}$$

so ergibt sich durch Vergleich der Koeffizienten die Beziehung zwischen Mobilität und Diffusionskoeffizient mit Gl. (2.2.13)

$$D_L = M \frac{\partial \mu_L}{\partial C_L} = M \frac{RT}{C_L}. \tag{2.2.20}$$

Somit lautet der hier zu verwendende Ansatz für den Wasserstofftransportterm aus Gl. (2.2.17) mit Gl. (2.2.20)

$$J_i = -\frac{D_L C_L}{RT} \frac{\partial \mu_L}{\partial x_i} = -D_L \frac{\partial C_L}{\partial x_i} + \frac{D_L C_L \overline{V}_H}{RT} \frac{\partial \sigma_h}{\partial x_i} \tag{2.2.21}$$

wo D_L den konzentrationsunabhängigen Gitterdiffusionskoeffizienten bezeichnet, $\overline{V}_H = 2{,}0 \times 10^{-6}\, m^3/mol$ das partielle molare Volumen von Wasserstoff in Lösung für α-Eisen bei $293K$ [Hirth, 1980], R die universelle Gaskonstante und T die absolute Temperatur. Der Gitterdiffusionskoeffizient gehorcht einer Arrhenius-Gleichung, s. Gl. (2.2.22),

$$D_L = D_0 \cdot e^{\frac{-\Delta H_d}{RT}}, \tag{2.2.22}$$

wobei D_0 die Diffusionskonstante im Grundzustand angibt und ΔH_d die Aktivierungsenthalpie der Diffusion. Setzt man Gl. (2.2.21) in Gl. (2.2.16) ein, so entsteht

$$\int_V \left\{ \frac{\partial C_L}{\partial t} + \frac{\partial C_T}{\partial t} \right\} dV + \int_{\partial V} \left\{ \left(-D_L \frac{\partial C_L}{\partial x_i} + \frac{D_L C_L \overline{V}_H}{RT} \frac{\partial \sigma_h}{\partial x_i} \right) n_i \right\} dA = 0. \tag{2.2.23}$$

Unter der Annahme eines beliebigen Volumens V wird das Gausssche Divergenztheorem angewendet

$$\frac{\partial C_L}{\partial t} + \frac{\partial C_T}{\partial t} - \frac{\partial}{\partial x_i} \left(D_L \frac{\partial C_L}{\partial x_i} \right) + \frac{\partial}{\partial x_i} \left(\frac{D_L C_L \overline{V}_H}{RT} \frac{\partial \sigma_h}{\partial x_i} \right) = 0. \tag{2.2.24}$$

Zur Berechnung der zeitlichen Ableitung der Haftstellenwasserstoffkonzentration wird folgender Ansatz ausgewertet

$$C_T = C_T(C_L, N_T(\varepsilon_p)), \tag{2.2.25}$$

der auf den Ausdruck

$$\frac{\partial C_T}{\partial t} = \frac{\partial C_T}{\partial C_L} \frac{\partial C_L}{\partial t} + \frac{\partial C_T}{\partial N_T} \frac{\partial N_T}{\partial \varepsilon_p} \frac{\partial \varepsilon_p}{\partial t} \tag{2.2.26}$$

führt. Wenn die Anzahl der Gitterstellen zeitlich konstant ist und die Temperatur konstant gehalten wird, berechnet sich die partielle Ableitung der Wasserstoffkonzentration in Haftstellen nach der Zeit zu

$$\frac{\partial C_T}{\partial t} = \frac{C_T(1-\theta_T)}{C_L}\frac{\partial C_L}{\partial t} + \alpha\theta_T \frac{dN_T}{d\varepsilon_p}\frac{\partial \varepsilon_p}{\partial t}. \tag{2.2.27}$$

Unter Benutzung von Gl. (2.2.27) ergibt Gl. (2.2.24)

$$\frac{C_L + C_T(1-\theta_T)}{C_L}\frac{\partial C_L}{\partial t} - \frac{\partial}{\partial x_i}\left(D_L \frac{\partial C_L}{\partial x_i}\right) + \frac{\partial}{\partial x_i}\left(\frac{D_L C_L \overline{V}_H}{RT}\frac{\partial \sigma_h}{\partial x_i}\right) + \alpha\theta_T \frac{dN_T}{d\varepsilon_p}\frac{\partial \varepsilon_p}{\partial t} = 0. \tag{2.2.28}$$

Die Diffusion von atomaren Wasserstoff in Stahllegierungen kann durch die erweiterte Diffusionsgleichung (2.2.28) ausgedrückt werden [Krom et al., 1999a], die als User-Subroutine in der FE-Simulation implementiert ist.

2.3 Deformation, HELP

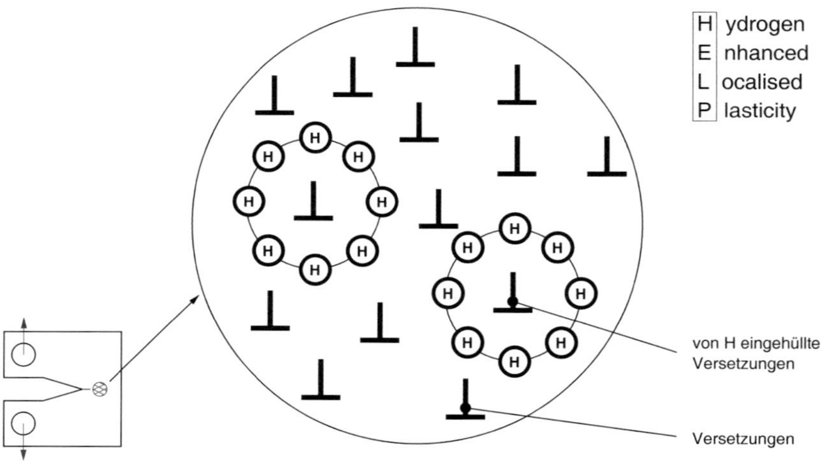

Abbildung 2.5: HELP-Mechanismus, schematische Darstellung

„Gelöster atomarer Wasserstoff erhöht die Mobilität von Versetzungen" - diese Vorstellung wurde erstmals von [Beachem, 1972] erwähnt und beschreibt eine extreme Lokalisierung von plastischer Deformation [Bond et al., 1988, 1989; Lee et al., 1989; Lynch, 1988, 1979b; Tabata and Birnbaum, 1983]. Dieser Effekt wurde für hochfeste Aluminiumlegierungen [Bond et al., 1987], reines Nickel [Robertson and Birnbaum, 1986], reines Eisen [Tabata and Birnbaum, 1984], austenitischen Stahl [Rozenak et al., 1990], und Einphasen-α-Titan [Shih et al., 1988] beobachtet. Der HELP-Mechanismus beschreibt die Erhöhung der Versetzungsmobilität infolge der Akkumulation von atomarem Wasserstoff an Versetzungsnestern. Dies führt zu einer reduzierten elastischen Wechselwirkungsenergie zwischen Versetzungen und Hindernissen [Birnbaum and Sofronis, 1994; Robertson, 2001] und Reduktion der für die Versetzungsbewegung erforderlichen Spannung. [Robertson, 2001] gelang es, in einer TEM-Studie für dünne Proben aus einem rostfreien Stahl (310s stainless steel) unter plastischer Deformation zu zeigen, daß die Versetzungsmobilität unter der Anwesenheit von Wasserstoff erheblich zunimmt und damit ebenfalls die Rißausbreitungsgeschwindigkeit. Die Beobachtungen zeigten eine erhöhte Dichte von Versetzungsnestern und eine Bewegungsinitiierung der Versetzungen infolge H_2-Einleitung in das Elektronenmikroskop. [Birnbaum and Sofronis, 1994; Sirois and Birnbaum, 1992] erklärten den vom Wasserstoff ausgehenden Effekt durch eine Abschirmwirkung. Der Wasserstoff hüllt Versetzungen und elastische Spannungszentren mit einer Atmosphäre ein, s. Abb. 2.5. Durch diese Abschirmung wird die für eine Versetzungsbewegung vorhandene Energiebarriere gesenkt, so daß Versetzungen bereits bei niedrigeren Spannungen in Bewegung geraten. Eine makroskopisch erkennbare Versprödung wird nach [Birnbaum et al., 1997] mit einer mikroskopisch auftretenden Entfestigung durch die Bildung von Scherlokalisierungen verknüpft. Bei weiteren Studien wurde beobachtet, daß bei einem stabilen unter Vakuum erzeugten Riß plötzlich eine Rißausbreitung einsetzt, wenn atomarer Wasserstoff in das Mikroskop eingeleitet wurde. Darüberhinaus wurden abnehmende Fließspannungen, zunehmende Spannungsrelaxation und veränderte Dehnungsratenempfindlichkeit aufgrund des im Material gelösten atomaren Wasserstoffs [Robertson, 2001] beobachtet. Diesbezügliche Diskussionen werden seit längerer Zeit kontrovers geführt, so daß auch einige Autoren im Gegensatz zur hier geschilderten Entfestigung von einer Verfestigung von Stählen berichten [Abraham and Altstetter, 1995; Asano and Otsuka, 1976, 1978; Caskey, 1981; Lynch, 1979a]. Letztere Beobachtungen könnten auf eine fehlerhafte Versuchsführung zurückzuführen sein, wie beispielsweise eine zu hohe Beladestromdichte. Diese führt zu einem hohen chemischen Potential, welches zu einer Blisterbildung, erhöhten Versetzungsbildung sowie Oberflächenumwandlungen und Hydridbildungen an der Oberfläche führen kann [Robertson, 2001].

In der vorliegenden Arbeit wird die Deformation des Materials durch ein elastisch-plastisches Werkstoffmodell modelliert. Zur Beschreibung des plastischen Verhaltens wird eine J_2-Plastizitätsformulierung nach v. Mises mit isotroper Verfestigung verwendet. Ausgehend von der Feststellung aus [Tabata and Birnbaum, 1983], daß Wasserstoff die lokale Fließgrenze erniedrigt, wird das Problem kontinuumsmechanisch dem Ansatz aus [Sofronis et al., 2001] entsprechend wie folgt formuliert: Die vom Wasserstoff unbeeinflußte lokale Fließgrenze σ_{Y0} wird mit einer wasserstoffabhängigen Funktion ϕ multipliziert,

$$\sigma_Y^H(\theta_{tot}, \varepsilon_p) = \underbrace{[(\xi - 1)\theta_{tot} + 1]}_{\phi} \sigma_{Y0}(\varepsilon_p), \tag{2.3.1}$$

wobei σ_Y^H die lokale Fließgrenze unter Wasserstoffeinfluß darstellt, die mit zunehmender Wasserstoffkonzentration fällt, ϕ ist nach [Sofronis et al., 2001] eine monoton fallende Funktion in Abhängigkeit von der lokalen Wasserstoffkonzentration, $\theta_{tot} \leq 1$ setzt sich aus einer Mittelung der Besetzungsgrade θ_L und θ_T zusammen. $\xi < 1$ ist ein anzupassender

Parameter, der die maximale Verminderung der Fließgrenze bei $\theta_{tot} = 1,0$ beschreibt. Demzufolge ist es möglich, den Einfluß des Wasserstoffs auf die Plastizität zu modellieren.

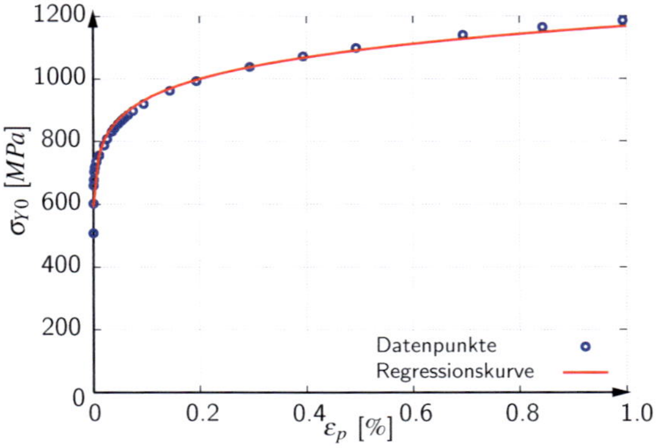

Abbildung 2.6: Fließkurve des untersuchten Werkstoffs FeE 690T aus [Strieder, 1993]

Aus Zugversuchen am vorliegenden Werkstoff FeE 690T wurden die in Abb. 2.6 abgedruckten Datenpunkte mit Hilfe einer nichtlinearen Regressionsanalyse an die Funktion

$$\sigma_{Y0}(\varepsilon_p) = \sigma_0 \left(1 + \frac{\varepsilon_p}{\varepsilon_0}\right)^{1/n} \tag{2.3.2}$$

angepaßt. Die Werte für σ_0, ε_0 sowie n sind Tab. 2.3 zu entnehmen. Berücksichtigt man

Benennung	Beschreibung	Wert	Einheit
σ_0	Bezugsspannung	$591,503$	N/mm^2
ε_0	Bezugsdehnung	$8,7808 \cdot 10^{-4}$	–
n	Verfestigungsexponent	$10,353$	–

Tabelle 2.3: Regressionsparameter zur Anpassung der Werkstoffkurve

nun das zuvor geschilderte HELP-Konzept, so wird die lokale Fließgrenze für einen gegebenen Anpassungsparameter ξ bei verschiedenen Konzentrationen bzw. Besetzungsgraden θ_{tot} vermindert, eine exemplarische Darstellung dieser wasserstoffinduzierten Entfestigung für $\xi = 0,6$ ist in Abb. 2.7 zu finden. Durch die Verwendung des HELP-Konzeptes kann die Interaktion des Wasserstoffs mit dem Deformationsmechanismus modelliert werden. Abgegrenzt von Wechselwirkungen, die direkt an der Rißspitze bei der Betrachtung der Materialseparation zusätzlich eine Rolle spielen, wird hiermit die Beeinflussung der Duktilität durch diesen Mechanismus beschrieben.

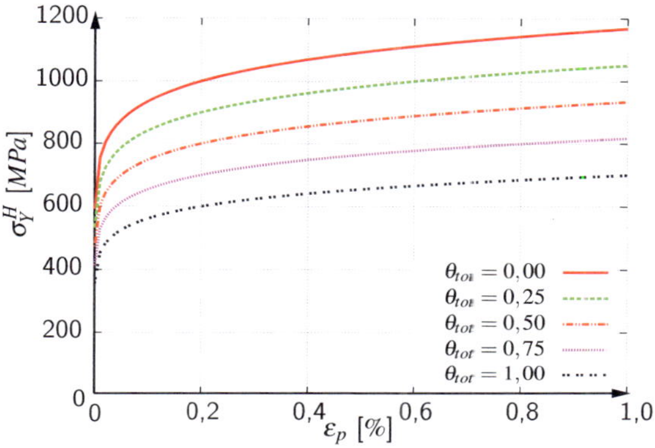

Abbildung 2.7: Beeinflussung der Fließkurve bei verschiedenen Konzentrationen, exemplarische Darstellung für $\xi = 0,6$

2.4 Rißwachstum, HEDE

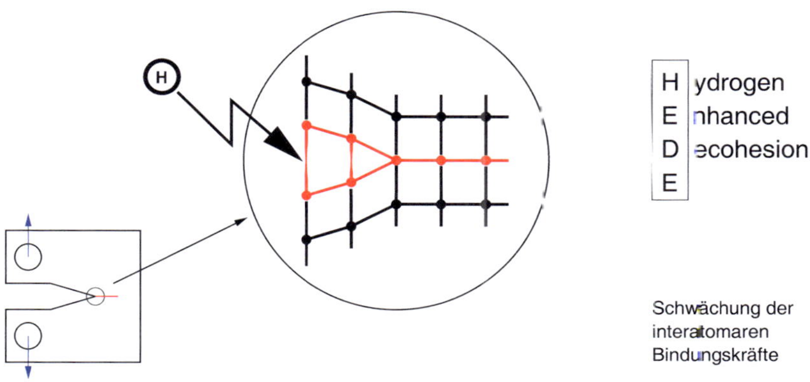

Abbildung 2.8: HEDE-Mechanismus, schematische Darstellung

„Interatomare Kohäsionskräfte werden durch atomaren Wasserstoff reduziert." - diese Vorstellung wurde erstmalig von [Steigerwald et al., 1960; Troiano, 1960] erwähnt und von [Bernstein and Thompson, 1974; Frohmberg et al., 1955; Gangloff and Ives, 1990; Gerberich et al., 1991; Hirth and Rice, 1980; Oriani and Josephic, 1977, 1974; Oriani, 1972, 1987] weiterentwickelt. Der Wasserstoff akkumuliert innerhalb der Rißprozeßzone aufgrund der durch einen hydrostatischen Spannungszustand hervorgerufenen elastischen Gitteraufweitung [Li et al., 1966] und erreicht hierbei Konzentrationen, die über der gewöhnlichen Löslichkeit von atomaren Wasserstoff in Stahl liegen. Zusätzlich wird die Segregation von Wasserstoff an Haftstellen („trapping") miteinbezogen [Pressouyre, 1980]. Ähnlich der Ausscheidung von Verunreinigungen an Korngrenzen, die ebenfalls eine Reduktion der Gefügefestigkeit hervorruft, wird hierbei die Schädigung des Werkstoffs durch Wasserstoff erklärt [Bandyopadhyay et al., 1983; McMahon, 2001; Nelson, 1983]. Eine pathologische Schädigung und Rißfortschritt erfolgen bei Überschreitung der durch den atomaren Wasserstoff lokal herabgesetzten Kohäsivfestigkeit [Oriani, 1972]. Die lokale Spannungsüberhöhung vor der Rißspitze führt zu einer dortigen Schädigungslokalisierung, s. Abb. 2.8. Gerade in hochfesten Werkstoffen, die keine Hydridbildung aufweisen, scheint HEDE der überwiegend zur Schädigung beitragende Mechanismus zu sein [Oriani, 1972]. Weitere experimentelle Untersuchungen zeigten, daß beispielsweise in einem Einkristall-Eisenwerkstoff Fe-3%Si die Schärfe des Risses mit zunehmendem Wasserstoffgehalt und abnehmender Temperatur zunimmt. Dies konnte anhand eines abnehmenden Rißöffnungswinkel CTOA nachgewiesen werden [Vehoff and Neumann, 1985; Vehoff and Rothe, 1983]. Dieses Verhalten konnte dadurch erklärt werden, daß der bisherige Rißwachstumsmechanismus durch Abgleiten nun durch Dekohäsionsprozesse überlagert wird. Weiterhin konnten atomistische Simulationen ebenfalls die Modellannahme unterstützen, daß Wasserstoff die interatomaren Kohäsionskräfte vermindert [Gangloff and Ives, 1990; Gerberich et al., 1991; Oriani, 1987].

Die Beschreibung dieser wasserstoffbeeinflußten Materialseparation erfolgt in der vorliegenden Arbeit durch das Kohäsivzonenmodell, welches auf die Formulierungen von [Barenblatt, 1962; Dugdale, 1960] zurückgeht. Es handelt sich hierbei um eine phänomenologische Modellierung der Materialseparation an einer Rißspitze. Durch die Annahme einer definierten Beziehung zwischen der Rißöffnungsspannung bzw. Kohäsivspannung und der ablaufenden Materialseparation zwischen den sich trennenden Rißflanken wird eine Spannungssingularität vermieden. Hiermit ist die stabile Simulation von Rißwachstum und verschiedenen Versagensmechanismen möglich. Das Separationsgesetz aus [Cornec et al., 2003] wird hier für den Mode-I-Rißfortschritt eingesetzt. Die Kohäsivspannung σ_c wird durch die Kohäsivfestigkeit σ_{c0}, multipliziert mit einer Formfunktion $f(\delta_N)$,

$$\sigma_c(\delta_N, \theta_S) = \sigma_{c0}(\theta_S) f(\delta_N), \tag{2.4.1}$$

definiert. Durch den Wert δ_N wird die kritische Separation definiert, bei dessen Erreichen das Kohäsivzonenelement versagt und der Riß um eine Elementlänge fortschreitet, θ_S benennt den Wasserstoffbelegungsgrad, welcher die Kohäsivfestigkeit beeinflußt. Die Formfunktion nach Abb. 2.9 lautet

$$f(\delta_N) = \begin{cases} 2\left(\frac{\delta_N}{\delta_1}\right) - \left(\frac{\delta_N}{\delta_1}\right)^2 & : \quad \delta_N < \delta_1 \\ 1 & : \quad \delta_1 \leq \delta_N \leq \delta_2 \\ 2\left(\frac{\delta_N - \delta_2}{\delta_0 - \delta_2}\right)^3 - 3\left(\frac{\delta_N - \delta_2}{\delta_0 - \delta_2}\right)^2 + 1 & : \quad \delta_2 < \delta_N < \delta_0 \end{cases} \tag{2.4.2}$$

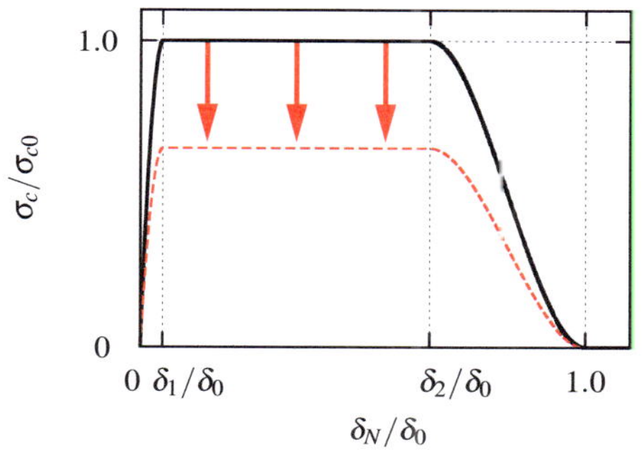

Abbildung 2.9: Separationsgesetz mit Auswirkung des Wasserstoffs infolge HEDE

mit den Formparametern δ_1 und δ_2 sowie der Separationsenergie

$$\Gamma_0 = \int_0^{\delta_0} \sigma_c(\delta_N, \theta_S)|_{\theta_S} \, d\delta_N, \tag{2.4.3}$$

die die bei einer vollständigen Elementseparation dissipierte Energie enthält.

Um das HEDE-Modell zu berücksichtigen, ist die Herabsetzung der Kohäsivfestigkeit gemäß [Jiang and Carter, 2004a; Serebrinsky et al., 2004] wie folgt implementiert:

$$\frac{\sigma_{c0}(\theta_S)}{\sigma_{c0}(0)} = a_0 + a_1\theta_S + a_2\theta_S^2, \tag{2.4.4}$$

wobei $\sigma_{c0}(0)$ die Kohäsivfestigkeit ohne Wasserstoffeinfluß bezeichnet und a_0, a_1 sowie a_2 Anpassungsparameter sind, die sich aus einer Regression der Daten aus [Jiang and Carter, 2004a] für das H/Fe-System ableiten, s. Tab. 2.4. Das Verhältnis zwischen der Wasser-

Parameter	Wert
a_0	1,0
a_1	-1,0467
a_2	0,1687

Tabelle 2.4: HEDE-Anpassungsparameter

stoffkonzentration im Volumen und an den Separationsflächen wird durch die Langmuir-McLean-Isotherme wiedergegeben [Hondros and Seah, 1977], s. Gl. (2.4.5)

$$\theta_S = \frac{C_L}{C_L + \exp(-\Delta H_S/RT)}, \tag{2.4.5}$$

in der $\Delta H_S = 30\,kJ/mol$ die Enthalpiedifferenz zwischen dem segregierten und dem Zustand im Volumen kennzeichnet, R ist die universelle Gaskonstante und T die absolute Temperatur.

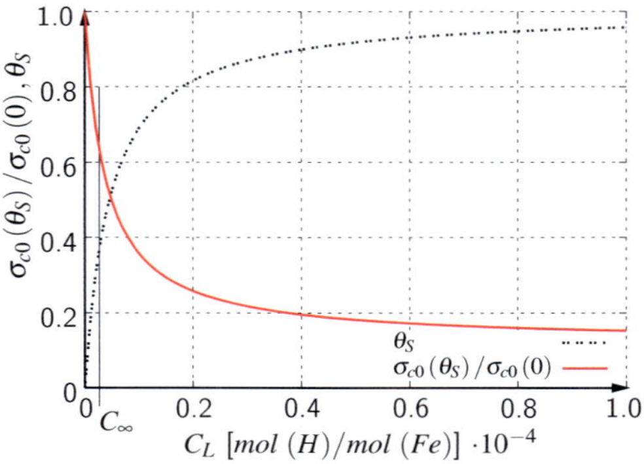

Abbildung 2.10: Verminderung der Kohäsivfestigkeit σ_{c0} durch die Wasserstoffkonzentration C_L, Sättigungskonzentration in dieser Simulation $C_\infty = 2,653 \cdot 10^{-6}\, mol\ (H)/mol\ (Fe)$

Die Verminderung der Kohäsivfestigkeit in Abhängigkeit von der Wasserstoffkonzentration C_L, ermittelbar durch Gl. (2.4.4) und (2.4.5) ist in Abb. 2.10 dargestellt.

Kapitel 3

Experimenteller Hintergrund

Als Validierungsgrundlage für die durch die Simulation erzielten Ergebnisse, bestehend aus CTOD-δ_5-R-Kurven und F-v_{ll}-Kurven aus Simulationen an Kompaktzug-C(T)-Proben, s. Abb. 3.1, aus dem Werkstoff FeE 690T wurden die von [Dietzel, 1991] erzielten experimentellen Ergebnisse herangezogen, s. Abschnitt 3.1. Darüberhinaus wurden von [Juilfs, 2001] elektrochemische Permeationsmessungen an diesem Werkstoff vorgenommen, s. Abschnitt 3.2. Im Rahmen der vorliegenden Arbeit wurden zur Klärung des Einflusses von Wasserstoff auf die Fließgrenze Zugversuche mit wasserstoffbeladenen Rundzugproben durchgeführt, s. Abschnitt 3.3. In den folgenden Abschnitten wird eine kurze Übersicht über diese Versuche gegeben.

(a) (b)

Abbildung 3.1: Aufnahme einer C(T)-Probe

3.1 Zugversuche an C(T)-Bruchmechanikproben

Probenfertigung. Es wurden C(T)-Bruchmechanikproben aus dem höherfesten Feinkornbaustahl FeE690T (17MnMoCr33, Werkstoff-Nr. 1.7279), s. Tab. 3.1, 3.2, gemäß der Zeichnung in Abb. 3.2 gefertigt. Dieser Werkstoff wird hauptsächlich im Brücken-

$R_{p0,2}$ $[MPa]$	R_m $[MPa]$	A $[\%]$	E $[GPa]$	ν $[-]$
693,0	820,0	15,0	210,0	0,3

Tabelle 3.1: Mechanische Eigenschaften bei RT, FeE 690T

und Tragwerksbau eingesetzt. Er wurde anfangs außerdem als geeignetes Material zur Gewichtseinsparung bei Off-shore-Bauwerken angesehen, dann aber aufgrund seiner erhöhten Anfälligkeit gegenüber wSpRK, insbesondere bei Schweißverbindungen, für diesen Zweck nicht eingesetzt. Die Proben wiesen ein Weite von $w = 40\,mm$ und eine Dicke von $b = 19\,mm$

C	Si	Mn	P	S	Cr	V	Cu	Al	Ni	Mo
0,18	0,67	1,02	0,009	0,003	0,85	-	-	-	-	0,48

Tabelle 3.2: Chemische Zusammensetzung in wt.-%, FeE 690T

auf und waren mit einem Starterkerb versehen. Ausgehend von diesem Kerb wurden in die C(T)-Proben zunächst durch Ermüdung auf einer servo-hydraulischen Prüfmaschine scharfe Anrisse mit Längen von $a_0 \approx 22\,mm$ ($\approx 0,55w$) eingebracht. Der Rißfortschritt wurde

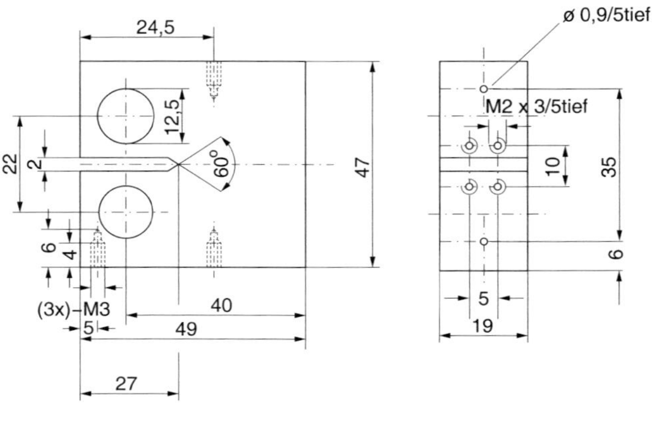

Abbildung 3.2: Fertigungszeichnung der C(T)-Probe

hierbei durch ein Lichtmikroskop beobachtet. Zusätzlich wurde eine Einrichtung benutzt, bei der durch eine Potentialmessung eine automatische Abschaltung der Prüfmaschine bei Erreichen der anvisierten Rißlänge veranlaßt wurde.

Versuchsdurchführung. Die Proben wurden in die Aufnahmevorrichtung einer horizontal angeordneten elektro-mechanischen Zugprüfmaschine eingespannt, mit welcher Abzugsgeschwindigkeiten zwischen $0,1\ \mu m/h$ und $30\ mm/h$ realisiert werden konnten, s. Abb. 3.3 und 3.4. 24 Stunden vor Versuchsbeginn und während der gesamten Versuchsdauer wurde derjenige Bereich der Proben, in dem sich der Riß ausbreiten sollte, einer Meerwasserlösung gemäß ASTM D-1141 ausgesetzt. Über Kontakte auf den Stirnflächen der Proben erfolgte eine Messung des Spannungsabfalls eines durch die Probe gesandten gepulsten Gleichstroms konstanter Stärke.

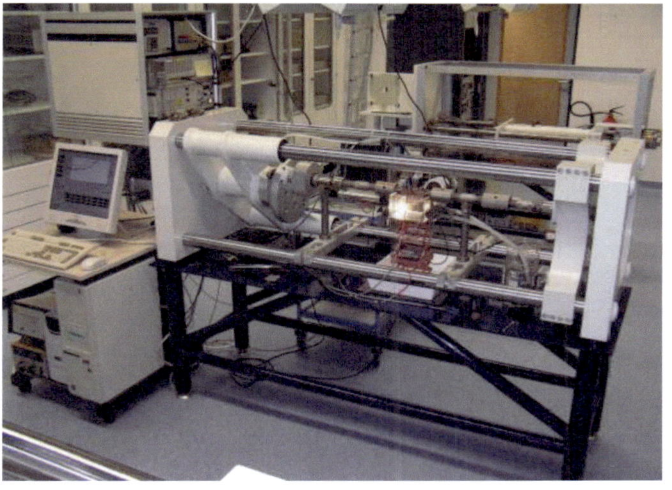

Abbildung 3.3: Servo-Mechanische Prüfmaschine

Diese Spannung diente im Rahmen der DCPD[1]-Methode zur Erfassung des Rißwachstums [Dietzel, 1991]. Eine unbelastete Vergleichsprobe war in Serie geschaltet, um Veränderungen des Meßsignals infolge von Schwankungen der Temperatur oder der Stärke des Speisestromes zu kompensieren. Bei jedem Meßvorgang wurde die Spannung einmalig umgepolt, um Einflüsse an den Kontaktstellen, wie beispielsweise Ablagerungen oder Übergangswiderstände, zu minimieren. Die Korrosionslösung wurde aus dem Becken zu einem Vorratsgefäß umgepumpt, um Korrosionsprodukte regelmäßig von der Probenoberfläche zu spülen.

Bei Bauwerken, die aktiv gegen Korrosion geschützt werden sollen, wird oftmals ein kathodisches Schutzpotential angelegt. Durch die kathodische Teilreaktion wird Wasserstoff erzeugt, der zum Teil auf der Probenoberfläche zu Wasserstoffmoleküler rekombiniert, die sich in Form von Gasblasen zunächst an der Probenoberfläche anlagern, bevor sie in der Lösung aufsteigen, s. Abb. 3.5. Ein weiterer Teil des Wasserstoffs gelangt in das Innere der Probe und begünstigt damit das Auftreten von wSpRK. Dieses Szenario kann durch

[1]Direct Current Potential Drop

Abbildung 3.4: Probeneinspannung der C(T)-Probe

eine kathodische Polarisation der Probe während des Versuchs mit einem Potentiostaten nachgebildet werden. Die hier applizierten Spannungen betrugen ca. $U_{Ag/AgCl} = -900\,mV$, gemessen gegen eine Ag/AgCl-Referenzelektrode. Die Proben wurden mit der jeweils

Abbildung 3.5: Freisetzung von Wasserstoffblasen

gewählten Abzugsgeschwindigkeit so lange gezogen, bis mit Hilfe der Potentialmethode ein Rißwachstum von ca. 2-3 mm gemessen wurde. Danach wurde die Probe ausgespannt und erneut in Luft angeschwungen, um eine definierte Markierung des erzielten Rißfortschritts auf den Bruchflächen zu erzeugen. Anschließend wurden die Probenhälften gewaltsam getrennt und fraktographisch untersucht. Vergleichsversuche an Proben aus dem gleichen Werkstoff wurden in Luft durchgeführt.

Versuchsergebnis. Die Variation der Abzugsgeschwindigkeit mit den Werten $\dot{v}_{II,1} = 1\ \mu m/h$, $\dot{v}_{II,2} = 10\ \mu m/h$ und $\dot{v}_{II,3} = 100\ \mu m/h$, die durch die Prüfmaschine auf die Probe jeweils aufgeprägt wurde, ergab ein unterschiedliches Rißwiderstandsverhalten, das mit Hilfe von CTOD-R-Kurven ausgewertet wurde. In dieser Arbeit wurden die Ergebnisse der experimentellen Untersuchung für die Rißwiderstandskurven, s. Abb. 3.6, verwendet sowie die der Kraft-Verformungskurven. Die Werte des CMOD (Crack Mouth Opening Displacement) wurden von einem speziellen Meßclip aufgenommen und in einen CTOD-δ_5-Wert umgerechnet [Dietzel et al., 2006]. Es wurde beobachtet, daß die Probe, die mit der geringsten

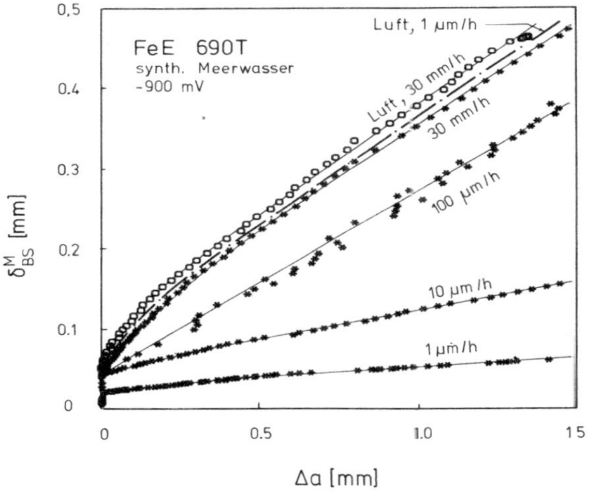

Abbildung 3.6: Experimentell ermittelte CTOD-R-Kurven [Dietzel, 1991]

Abzugsgeschwindigkeit von $\dot{v}_{II,1} = 1\ \mu m/h$ geprüft wurde, den geringsten Rißwiderstand aufwies, vice versa zeigte die mit der höchsten Abzugsgeschwindigkeit von $\dot{v}_{II,3} = 100\ \mu m/h$ geprüfte Probe auch den höchsten Rißwiderstand. Dies kann auf den ersten Blick durch einen unterschiedlichen Eintrag von Wasserstoff in das Material erklärt werden. Eine damit verbundene Schädigung des Materials ist bei niedrigen Abzugsgeschwindigkeiten demnach größer. Diese Aussage wird auch durch die Analyse der Bruchflächen gestützt.

3.2 Permeationsversuche an Membranen

Probenfertigung. Aus Stahlplatten wurden funkenerosiv dünne Blechstreifen ($250\,mm$ x $30\,mm$ x $3\,mm$) geschnitten, die anschließend auf eine Dicke gewalzt wurden, die dem gewünschten Grad der plastischen Verformung entsprach. Danach wurden aus diesen Blechstreifen quadratische Membranen gefräst, die auf eine Stärke von $L = 1\,mm$ geschliffen und anschließend poliert wurden.

Versuchsdurchführung. Für die Permeationsmessungen kam eine modifizierte elektrochemische Zelle nach [Devanathan and Stachursky, 1962] zum Einsatz. Die Membran wurde zwischen den beiden Halbzellen plaziert und auf beiden Seiten abgedichtet. Die Permeationsfläche betrug $A_{perm} = 2\,cm^2$. Die Permeationsmessungen wurden mit zwei Potentiostaten durchgeführt, wobei jede der beiden Zellen mit einer Referenz- und einer Gegenelektrode ausgestattet und thermostatisiert wurde. Der Elektrolyt bestand aus einer 0,1 M NaOH-Lösung. Nach einer Messung des freien Korrosionspotentials wurde durch eine entsprechende Einstellung der Potentiostaten mit der Wasserstoffbeladung begonnen. Hierbei wurde sowohl der Belade- als auch der Permeationsstrom aufgezeichnet.

Versuchsergebnis. Die Permeationsstromdichten wurden mit Hilfe der Time-Lag-Methode ausgewertet. Hierbei wurden die effektiven Diffusionskoeffizienten für verschiedene plastische Deformationen, die zuvor durch den Walzprozeß aufgebracht worden waren, bestimmt, s. Abb. 3.7 und Tab. 3.3. Für die vorliegende Arbeit wurden diese Permeationsstromdichtekurven, s. Abb. 3.8, erneut herangezogen, um die Vorgänge der Oberflächenkinetik auszuwerten.

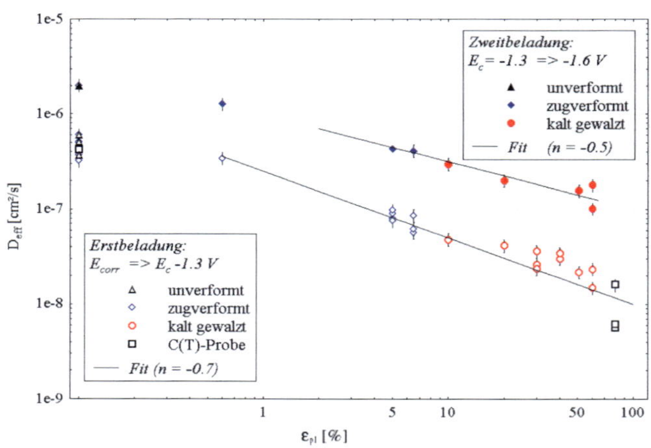

Abbildung 3.7: Abhängigkeit des Diffusionskoeffizienten von der plastischen Deformation [Juilfs, 2001]

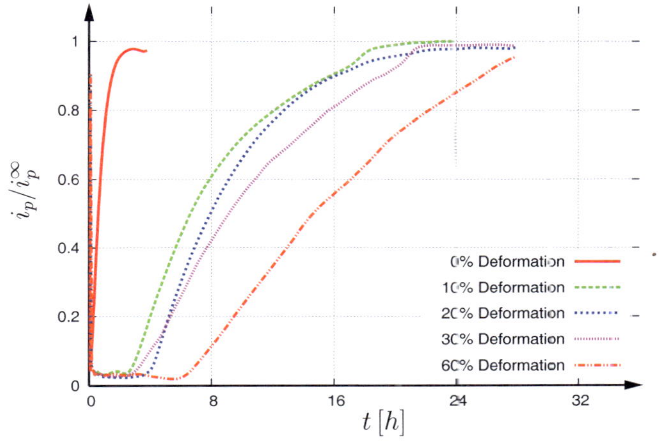

Abbildung 3.8: Normierte Permeationsstromdichten bei verschiedenen plastischen Deformationen [Juilfs, 2001]

ε_p [%]	L [mm]	i_p^∞ [$\mu A/cm^2$]	D_{eff}^{TL} [$10^{-8}\ cm^2/s$]
0,0	0,99	0,55	41,2 ± 4,84
9,2	0,92	0,49	4,30 ± 0,18
20,0	0,93	0,38	3,50 ± 0,09
30,7	0,81	0,95	2,40 ± 0,12
60,7	1,00	0,77	1,50 ± 0,07

Tabelle 3.3: Ermittelte effektive Diffusionskoeffizienten aus den Kurven in Abb. 3.8, Time-Lag-Methode [Juilfs, 2001]

3.3 Zugversuche an wasserstoffbeladenen Rundzugproben

Für die Anwendung des HELP-Modells, s. Abschnitt 2.3, wird die Auswirkung des Wasserstoffs auf die lokale Fließgrenze benötigt, s. Parameter ξ in Gl. (2.3.1). Hierfür wurden Zugversuche mit Rundzugproben in einer wasserstoffhaltigen Umgebung durchgeführt. Aus den ermittelten Spannungs-Dehnungskurven wurde dieser materialspezifische Parameter bestimmt.

Probenfertigung. Die Rundzugproben wurden aus dem gleichen Werkstoff wie die in Abschnitt 3.1 beschriebenen C(T)-Proben gemäß der Zeichnung in Abb. 3.9 gefertigt.

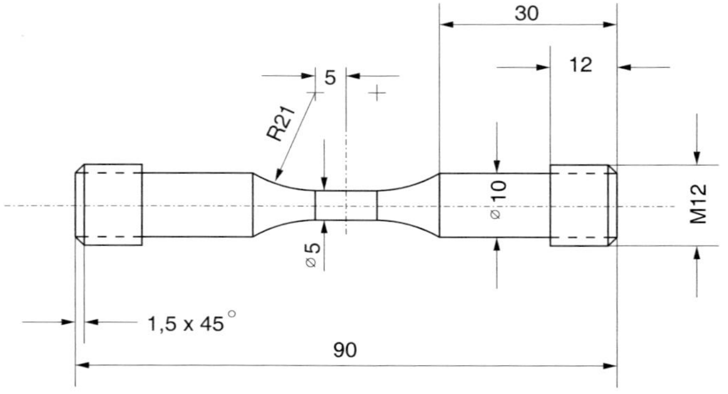

Abbildung 3.9: Fertigungszeichnung der Rundzugprobe

Versuchsdurchführung. Die Proben wurden von einem Behälter aufgenommen, der mit seitlichen Öffnungen ausgestattet war, aus denen die Enden der Rundzugprobe herausragten, s. Abb. 3.10. Diese Öffnungen wurden abgedichtet und der Behälter mit 0,1 M NaOH-Lösung aufgefüllt. Die Probenenden wurden in die Aufnahmevorrichtungen der Prüfmaschine eingespannt. Der Behälter fungierte als elektrochemische Zelle und war mit einem Platinnetz als Gegenelektrode und einer Ag/AgCl-Referenzelektrode ausgestattet. Die Rundzugprobe stellte die Arbeitselektrode dar. Mit Hilfe eines Potentiostaten wurde eine Beladespannung von $U_{Ag/AgCl} = 1440\,mV$ angelegt, um die Wasserstoffaufnahme zu beschleunigen. 24 Stunden vor Versuchsbeginn wurde mit der Beladung der Probe begonnen, die während der gesamten Versuchsdauer aufrecht erhalten wurde. Während des Versuchs wurde die Probe mit einer konstanten Dehnrate von $\dot{\varepsilon} = 10^{-6}\,s^{-1}$ bis zum Versagen gezogen.

Versuchsergebnis. Im Vergleich zu den Versuchen an Laborluft konnte hier ein Abfall der Fließkurve beobachtet werden, siehe Darstellung der zugehörigen Spannungs-Dehnungs-Diagramme in Abb. 3.11. Bei einem Vergleich der beiden Fließgrenzen war eine Abnahme unter Wasserstoffeinfluß um ca. $20\,\%$ zu beobachten. Dies führte zu dem

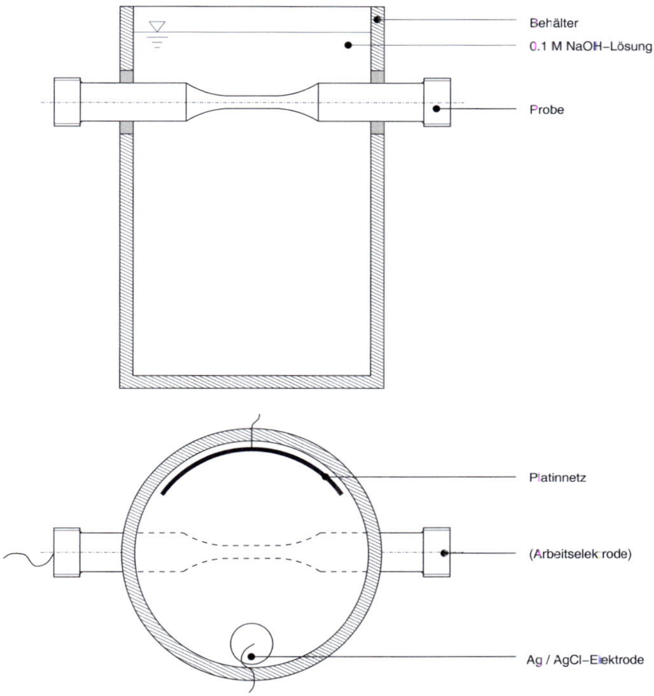

Abbildung 3.10: Elektrochemische Zelle für Versuche mit Rundzugproben unter Wasserstoffbeladung

für ξ verwendeten Wert von $\xi = 0,8$. Da dieser durchgeführte Versuch den Kriterien eines genormten Zugversuchs (DIN EN 10002) nicht entsprach und die Probe ebenfalls

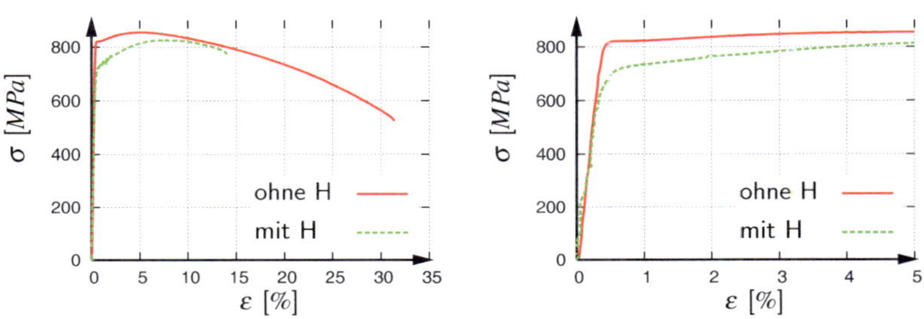

(a) im Bereich $[0\,\% \leq \varepsilon \leq 35\,\%]$ - (Vollständig) (b) im Bereich $[0\,\% \leq \varepsilon \leq 5\,\%]$ - (Ausschnitt)

Abbildung 3.11: Spannungs-Dehnungs-Kurven aus Zugversuchen an Rundzugproben mit und ohne Wasserstoffbeladung im Vergleich

keine normgerechten Abmessungen aufwies, wichen die erhaltenen Spannungs-Dehnungs-Diagramme von den Herstellerangaben ab und wiesen teilweise höhere Spannungswerte auf.

Mit bloßen Auge war bereits erkennbar, daß offenbar verschiedene Bruchmechanismen wirksam waren. In Abb. 3.12 zeigt die Probe A, die an Laborluft gezogen wurde, eine deutliche Einschnürung. Dies weist auf ein duktiles Werkstoffversagen hin. Im

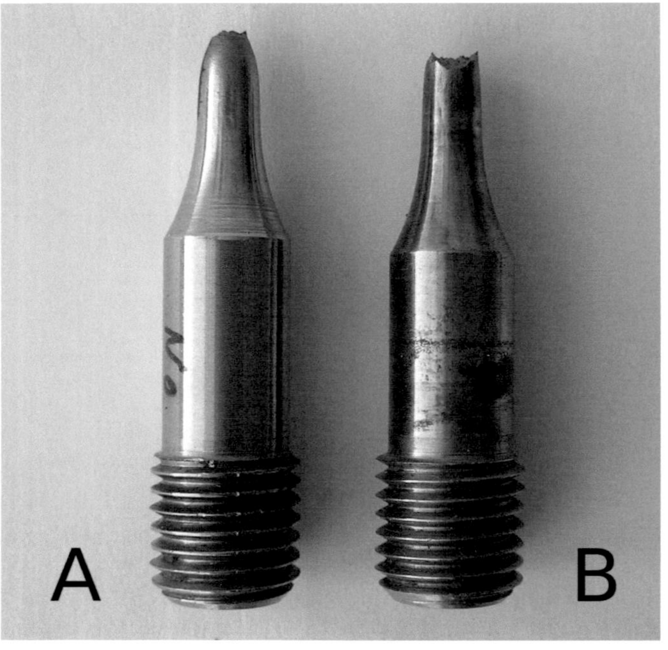

Abbildung 3.12: Aufnahme der Zugproben nach dem Versagen, A ohne Wasserstoffeinwirkung, B mit Wasserstoffeinwirkung

Gegensatz dazu zeigt Probe B, die unter Wasserstoffbeladung stand, keine Einschnürung, sondern einen scharf zulaufenden Spaltbruch. Dieser Sachverhalt weist auf ein sprödes Werkstoffversagen hin.

Die fraktographischen Aufnahmen des Rasterelektronenmikroskops zeigen einen deutlichen Unterschied der Bruchoberflächen. Die Probe an Laborluft weist ein für duktiles Versagen typisches „cup-cone“-Profil mit deutlichen Scheranteilen auf, s. Abb. 3.13(a). Die Vergrößerung zeigt die typische Verteilung von Waben, s. Abb. 3.13(b), ein Merkmal für duktiles Werkstoffversagen. Die Probe unter Wasserstoffeinwirkung zeigt keine duktilen Merkmale, s. Abb. 3.14(a). Ganz im Gegenteil ist in der Vergrößerung eine stark zerklüftete Bruchoberfläche mit typischen Spaltbruchanteilen zu erkennen, ein Merkmal für sprödes Werkstoffversagen.

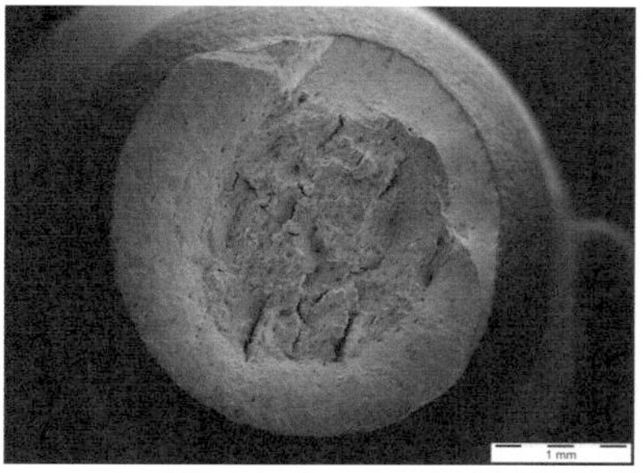

(a) Gesamtaufnahme (Vergr. 25fach)

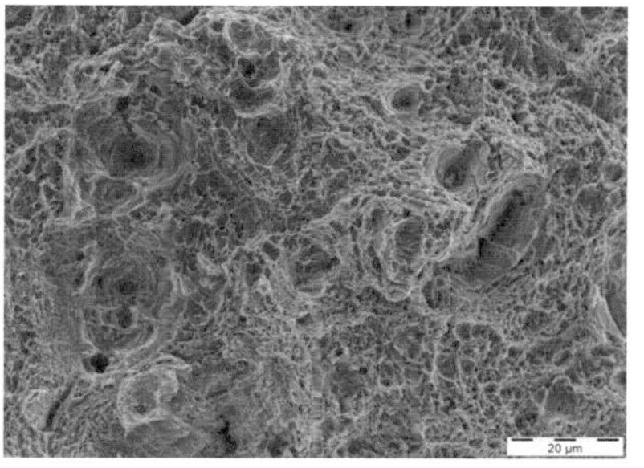

(b) Aufnahme von Bruchwaben (Vergr. 1000fach)

Abbildung 3.13: REM-Aufnahmen der Bruchoberfläche, Probe an Laborluft [A]

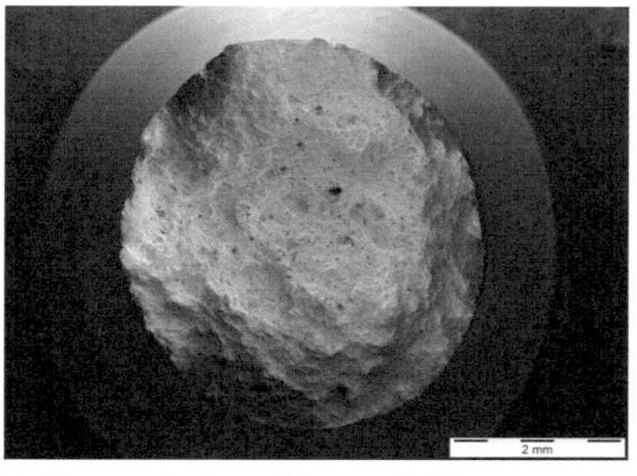

(a) Gesamtaufnahme (Vergr. 16fach)

(b) Aufnahme von Spaltbrüchen (Vergr. 2000fach)

Abbildung 3.14: REM-Aufnahmen der Bruchoberfläche, Probe unter Wasserstoffeinwirkung [B]

Besonders interessant erscheint hier der Sachverhalt, daß die wasserstoffbeladene Rundzugprobe einem spröden Werkstoffversagen unterworfen war, allerdings makroskopisch einen Abfall der Fließgrenze zu erkennen gibt. Letzteres widerspricht der konventionellen Vorstellung einer „Versprödung“, unter der ein Anstieg der Fließgrenze mit einem Abfall der Bruchdehnung verstanden wird.

Kapitel 4

Simulation der wasserstoffinduzierten Spannungsrißkorrosion

Die Simulation des Rißfortschrittes infolge wSpRK wird mit Hilfe der Finite-Elemente-Methode (FEM) unter Einsatz der Software Abaqus durchgeführt. Die vier Teilgebiete Oberflächenkinetik, Diffusion, Deformation und Rißwachstum werden in dieser Softwareumgebung umgesetzt. Modelliert wird der an einer C(T)-40-Bruchmechanikprobe in einer wasserstoffhaltigen Umgebung durchgeführte Zugversuch. Zunächst wird ein ebenes Modell (2D) unter der Annahme eines ebenen Verzerrungszustandes (EVZ) gerechnet. Danach erfolgt eine Erweiterung des Modells um eine zusätzliche Dimension. Durch ein räumliches Modell (3D) werden zusätzlich Effekte, die durch Diffusion in Dickenrichtung hervorgerufen werden, berücksichtigt. Die Vorgehensweisen und Untersuchungen sind in diesem Kapitel dargestellt.

Ausgangssituation. In Kapitel 2 wurde detailliert auf die umzusetzenden Zusammenhänge der jeweiligen Teilgebiete eingegangen. Dort wurde deutlich, daß die hier zu verwendenden Gleichungen stark von konventionellen Konstitutivgleichungen zur Deformations- oder Diffusionsbeschreibung abweichen. Die Berücksichtigung der Konzentrationsrandbedingung, die sowohl zeitabhängig durch den Einsatz des Chemisorptionsmodells als auch rißfront- und damit ortsabhängig formuliert wird, erfordert beispielsweise einen deutlich tieferen Eingriff in die Elementformulierung. Die erweiterte Diffusionsgleichung, s. Gl. (2.2.28), enthält mechanische Größen, die im oftmals zum Einsatz kommenden 1. und 2. Fickschen Gesetz [Fick, 1855] keine Bedeutung haben. Es erfolgt eine Beeinflussung der lokalen Fließgrenze (HELP) durch die dortige Wasserstoffkonzentration, s. Gl. (2.3.1)-(2.3.2). Die Modellierung der mit dem Rißwachstum verbundenen Materialseparation erfordert eine entsprechende Elementformulierung, die sowohl die grundlegenden Ideen des hier verwendeten Kohäsivzonenmodells, s. Gl. (2.4.1)-(2.4.2), umsetzt, als auch die Vorstellung der Materialschädigung durch die Herabsetzung der Kohäsionsfestigkeit infolge Wasserstoffeinwirkung, s. Gl. (2.4.3)-(2.4.5), wiedergibt (HEDE).

Einsatz von User Subroutines. Die Implementierung dieser erweiterten Modelle erfolgt mit Hilfe entsprechender Unterprogramme (User Subroutines), die über Programmschnittstellen an Abaqus angebunden werden. In diesen User Subroutines werden mit Hilfe der höheren Programmiersprache Fortran77 die entsprechenden Konstitutivgleichungen programmiert. Eine Übersicht der für diese Arbeit programmierten User Subroutines befindet sich in Tab. 4.1, ein Interaktionsschema in Abb. 4.1. Folgend wird hier die Implementierung der erweiterten Diffusionsgleichung als Quasi-Wärmeleitung beschrieben.

Teilgebiet	**Typ der User Subroutine**
Oberflächenkinetik	Uel
Diffusion	Umatht
Deformation, HELP	Uhard
Rißwachstum, HEDE	Uel
Sonstige Verarbeitung	Urdfil, Uvarm, Uexternaldb

Tabelle 4.1: Übersicht zu den verwendeten User Subroutines

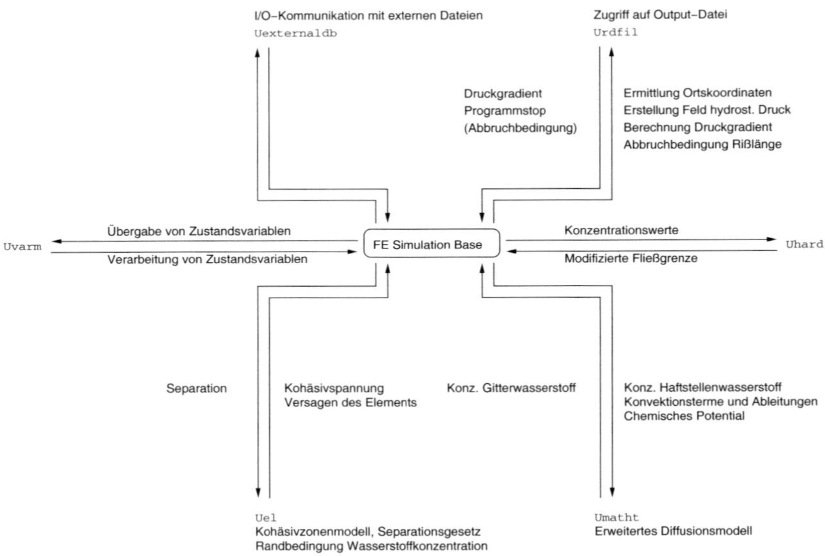

Abbildung 4.1: User Subroutine Interaktionsschema

Umsetzung des erweiterten Diffusionsmodells. Für eine Modellierung der Diffusion (*MASS DIFFUSION) stellt das Programm Abaqus keine Benutzerschnittstelle für User Subroutines zur Verfügung, so daß in diesem Falle ausschließlich ein Diffusionsmodell nach Fick bzw. ein erweitertes Diffusionsmodell, welches einen Temperatur- und Druckgradienten sowie einen Löslichkeitsausdruck berücksichtigt, herangezogen werden könnte [Hibbit et al.,

2007]. Dieses Modell wird für die hier anzuwendenden Konstitutivgleichungen der Wasserstoffdiffusion als nicht ausreichend bewertet und im Gegensatz zu den Untersuchungen in [Olden et al., 2007, 2008] nicht weiter verfolgt. Für die Simulation einer mechanisch gekoppelten Wärmeleitungsanalyse (`*COUPLED TEMPERATURE DISPLACEMENT`) existiert hingegen eine Benutzerschnittstelle. Daher wird in der vorliegenden Arbeit die Formanalogie zwischen der Fourierschen Wärmeleitungsgleichung und der Fickschen Diffusionsgleichung ausgenutzt, um das Diffusionsproblem als ein Quasi-Wärmeleitungsproblem zu formulieren. Hierbei fungiert der Temperaturfreiheitsgrad an den Elementknoten als Wasserstoffkonzentration. Bei diesem Übergang sind die für die Wärmeleitung abgelegten Größen neu zu formulieren, s. Tab. 4.2. Die erweiterte Diffusionsgleichung, Gl. (2.2.28), wird in der User Subroutine Umatht programmiert. Die Synopsis einer Wärmeleitung nach Fourier und einer erweiterten Diffusion zum Zwecke der Implementierung ist in Tab. 4.3 dargestellt.

Wärmeleitung		**Diffusion**	
Gleichung	$\partial T/\partial t = K/(\rho c)\partial^2 T/\partial x_i^2$	Gleichung	$\partial C/\partial t = D\partial^2 C/\partial x_i^2$
Temperatur	T	Konzentration	C
Wärmeleitfähigkeit	K	Diffusionskoeffizient	D
Dichte	ρ	$\longrightarrow$	1
Isobare Wärmekapazität	c	$\longrightarrow$	1

Tabelle 4.2: Diffusion als Quasi-Wärmeleitung

Wärmeleitung nach Fourier	**Modifizierte Wasserstoffdiffusion**
Ursprüngliche Wärmeleitung.	Erweiterte Diffusionsgleichung.
$U = U(T)$	$U = U(C_L, C_T)$
$f_i = -k_{ij} g_j$	$f_i = -D_L \frac{\partial C_L}{\partial x_i} + \frac{D_L C_L \overline{V}_H}{RT} \frac{\partial \sigma_h}{\partial x_i}$
$dU = \frac{\partial U}{\partial T} dT = c dT$	$dU = \frac{\partial U}{\partial C_L} dC_L + \frac{\partial U}{\partial C_T} dC_T$ $= \frac{\partial U}{\partial C_L} dC_L + \frac{\partial U}{\partial C_T} (\underbrace{\frac{\partial C_T}{\partial C_L}}_{\frac{C_T(1-\theta_T)}{C_L}} dC_L + \underbrace{\frac{\partial C_T}{\partial N_T}}_{\theta_T} \frac{\partial N_T}{\partial \varepsilon_p} d\varepsilon_p)$ $= (\underbrace{\frac{\partial U}{\partial C_L}}_{=1} + \underbrace{\frac{\partial U}{\partial C_T}}_{=1} \frac{C_T(1-\theta_T)}{C_L}) dC_L + \underbrace{\frac{\partial U}{\partial C_T}}_{=1} \theta_T \frac{\partial N_T}{\partial \varepsilon_p} d\varepsilon_p$ $= \left(\frac{C_L + C_T(1-\theta_T)}{C_L} \right) dC_L + \theta_T \frac{dN_T}{d\varepsilon_p} d\varepsilon_p$
$U_{t+\Delta t} = U_t + dU = U_t + c dT$	$U_{t+\Delta t} = U_t + dU = U_t + \frac{C_L + C_T(1-\theta_T)}{C_L} dC_L + \theta_T \frac{dN_T}{d\varepsilon_p} d\varepsilon_p$
$\left.\frac{\partial f_i}{\partial T}\right\vert_{t+\Delta t} = -\frac{\partial k_{ij}}{\partial T} g_j = 0$ $\left.\frac{\partial f_i}{\partial g_i}\right\vert_{t+\Delta t} = -k_{ij}$ $\left.\frac{\partial U}{\partial T}\right\vert_{t+\Delta t} = c = 1$ $\left.\frac{\partial U}{\partial g_i}\right\vert_{t+\Delta t} = 0$	$\left.\frac{\partial f_i}{\partial C_L}\right\vert_{t+\Delta t} = -\frac{\partial D_L}{\partial C_L} \left(\frac{\partial C_L}{\partial x_i} - \frac{C_L \overline{V}_H}{RT} \frac{\partial \sigma_h}{\partial x_i} \right) - D_L \frac{\partial}{\partial C_L} \left(\frac{\partial C_L}{\partial x_i} - \frac{\overline{V}_H}{RT} \frac{\partial \sigma_h}{\partial x_i} \right)$ $\left.\frac{\partial f_i}{\partial g_i}\right\vert_{t+\Delta t} = -D_L$ $\left.\frac{\partial U}{\partial C_L}\right\vert_{t+\Delta t} = 1$ $\left.\frac{\partial U}{\partial g_i}\right\vert_{t+\Delta t} = 0$

Tabelle 4.3: Programmierung der erweiterten Diffusion in Umatht

4.1 Erstellung des FEM-Modells

Der erste Schritt der Modellierung besteht in der Abbildung der realen Struktur auf ein numerisches Modell. Dieses Modell wird zunächst durch eine ebene Formulierung (2D) idealisiert, s. Abschnitt 4.1.3, . Danach erfolgt die Erweiterung des Modells auf eine räumliche Formulierung (3D), s. Abschnitt 4.1.4.

4.1.1 Abbildung der Probe auf ein numerisches Modell

Geometrische Eigenschaften, Randbedingungen, Symmetrie. Die hier betrachtete C(T)-Bruchmechanikprobe, s. Abb. 4.2(a), besitzt die Abmessungen $w = 40\,mm$ und $d = 19\,mm$. Zwei Randbedingungen werden auf dieses Modell aufgeprägt, s. auch Abschnitt 4.1.5. Eine Verschiebungsrandbedingung $v(t)$ an der Lasteinleitung und eine Konzentrationsrandbedingung $C(x,t)$ an der momentanen Rißspitze unter Berücksichtigung des Rißfortschrittes. Eine Skizze dieser Anordnung für das ebene Modell befindet sich in Abb. 4.2(b). Die Rampenfunktion der Verschiebungsrandbedingung $v(t)$ wird durch die Abzugsgeschwindigkeit des jeweiligen Experimentes bestimmt. Es wurde hier mit den Werten $\dot{v}_{II,1} = 1\,\mu m/h$, $\dot{v}_{II,2} = 10\,\mu m/h$ und $\dot{v}_{II,3} = 100\,\mu m/h$ der verschiedenen Experimente gearbeitet. Die Höhe der Wasserstoffkonzentration, die an der Rißfront für die Gitterdiffusion zur Verfügung steht, wird durch das Chemisorptionsmodell berechnet. Die Zufuhr bzw. der Austausch von Wasserstoff über weitere Oberflächen wird vernachlässigt. Die Modellierung erfolgt unter Ausnutzung von Symmetriebedingungen, so daß nur eine Probenhälfte gerechnet wird (2D) bzw. ein Probenviertel (3D).

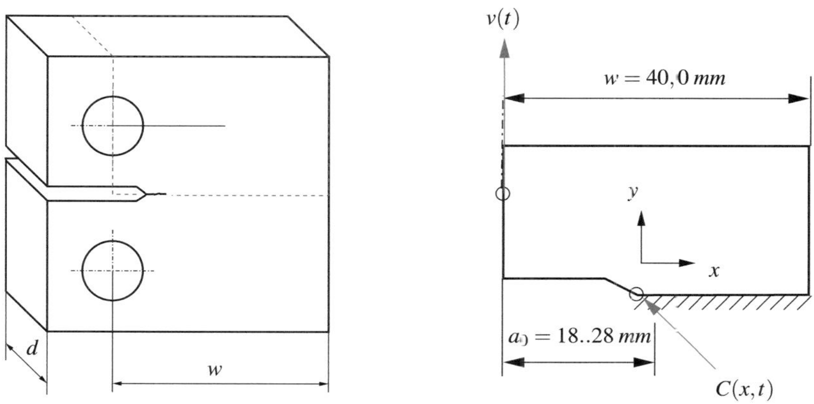

(a) C(T)-Bruchmechanikprobe (b) Symmetriebedingungen 2D

Abbildung 4.2: Modellierung der C(T)-Probe

Physikalische Eigenschaften, Deformation, Rißausbreitung, Diffusion. Die mechanischen Werkstoffeigenschaften sind in Tab. 3.1 angegeben. Ein elastisch-plastisches Werk-

Benennung	**Symbol**	**Wert**	**Einheit**
Einlagerungsorte pro Haftstelle	α	1	
Einlagerungsorte pro Atom des Solvens	β	6	
Gitterstellendichte	N_L	$14,1 \cdot 10^4$	mol/m^3
Molares Volumen von Fe	V_M	$7,116 \cdot 10^{-6}$	m^3/mol
Avogadro-Zahl	N_A	$6,022141 \cdot 10^{23}$	mol^{-1}
Anpassungsparameter Haftstellendichte	N_{T0}	$1,46$	mol/m^3
Anpassungsparameter Haftstellendichte	N_{T1}	$7,97$	mol/m^3
Haftstellenbindungsenthalpie	ΔH_B	$-60,0$	kJ/mol
Allgemeine Gaskonstante	R	$8,314$	$J/(mol\,K)$
Diffusionsenthalpie	ΔH_d	$20,0$	kJ/mol
Gitterdiffusionskonstante	D_0	$7,5 \cdot 10^{-3}$	mm^2/s
Umgebungstemperatur	T	$293,15$	K
Partielles molares Volumen von H in Fe	V_H	$2,0 \cdot 10^{-6}$	m^3/mol

Tabelle 4.4: Stoffdaten für den Werkstoff FeE 690T

stoffmodell im Rahmen einer J_2-Plastizitätsformulierung nach v. Mises mit isotroper Verfestigung wird verwendet. Die Fließkurve wird durch die Wasserstoffkonzentration gemäß Gl. (2.3.1) beeinflußt; die entsprechenden Parameter sind in Tab. 2.3 angegeben und stammen aus einer Regressionsanalyse der experimentellen Werkstoffkurve, s. Abb. 2.6. Das Rißwachstum wird mit Hilfe eines Kohäsivzonenmodells modelliert, wobei hier ebenfalls eine Abhängigkeit zur Wasserstoffkonzentration vorhanden ist, s. Gl. (2.4.4). Die Diffusion besteht aus einem erweiterten Modell, welches den „trapping"-Effekt miteinbezieht und daher zwischen Gitter- und Haftstellenwasserstoff unterscheidet. Für die Simulation der Diffusionsvorgänge notwendige Daten, die physikalisch motiviert bzw. der Literatur entnommen sind, wurden in Tab. 4.4 zusammengefaßt. Das Chemisorptionsmodell diente anstelle der zuvor zur Auswertung der Permeationsversuche angewendeten Time-lag-Methode einer Neubestimmung der Diffusionskoeffizienten. Hierbei konnte eine Korrektur der Ergebnisse aus [Juilfs, 2001] vorgenommen werden, s. Abschnitt 4.1.2.

4.1.2 Neubestimmung der Diffusionskoeffizienten

In [Juilfs, 2001] wurden für den Werkstoff FeE 690T die effektiven Diffusionskoeffizienten mit Hilfe der Time-Lag-Methode ermittelt, s. D_{eff}^{TL} in Tab. 4.5. Bei Verwendung dieser Diffusionskoeffizienten D_{eff}^{TL} im Chemisorptionsmodell aus Abschnitt 2.1 ergeben sich die in Abb. 4.3(a) berechneten Kurven der normierten Permeationsstromdichten. Bei $0\,\%$ Deformation existiert eine überwiegende Deckung mit der experimentellen Kurve, mit zunehmender plastischer Deformation steigt jedoch die Abweichung, s. Kurve zu $60\,\%$ Deformation. In diesen Fällen versagt offenbar die Time-Lag-Methode, da sie hier einen zu niedrigen Diffusionskoeffizienten errechnet. Eine erneute Anpassung der Diffusionskoeffizienten mit Hilfe des Chemisorptionsmodells, s. Abb. 4.3(b) ergab die Werte D_{eff}^{chem} in Tab. 4.5. Hierbei treten Abweichungen von bis zu $40\,\%$ im Vergleich der jeweiligen Diffusionskoeffizienten D_{eff}^{TL} und D_{eff}^{chem} auf. Die verwendeten Modellparameter sind in Tab. 4.6 abgedruckt.

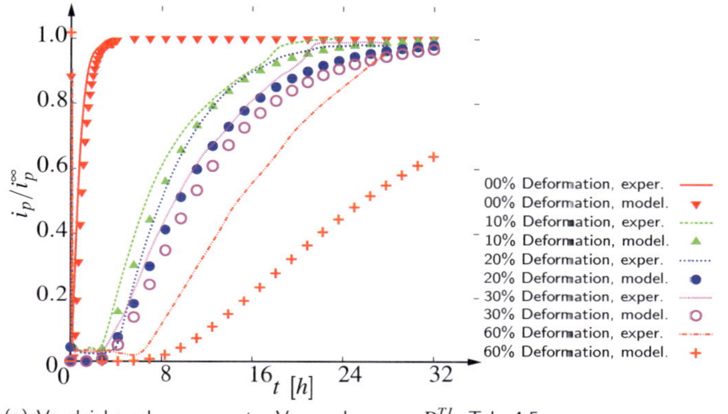

(a) Vergleichsrechnungen unter Verwendung von D_{eff}^{TL} Tab. 4.5

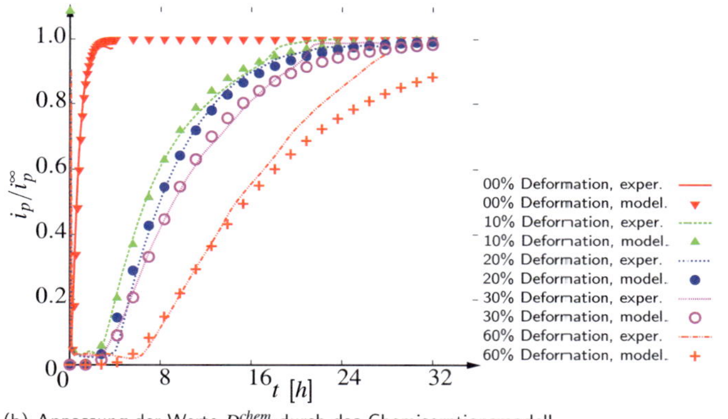

(b) Anpassung der Werte D_{eff}^{chem} durch das Chemisorptionsmodell

Abbildung 4.3: Neubestimmung der Diffusionskoeffizienten

ε_p [%]	L [mm]	i_p^∞ [$\mu A/cm^2$]	D_{eff}^{TL} [$10^{-8}cm^2/s$]	D_{eff}^{chem} [$10^{-8}cm^2/s$]
0,0	0,99	0,55	$41,2 \pm 4,84$	**54,0**
9,2	0,92	0,49	$4,30 \pm 0,18$	**4,8**
20,0	0,93	0,38	$3,50 \pm 0,09$	**4,3**
30,7	0,81	0,95	$2,40 \pm 0,12$	**2,8**
60,7	1,00	0,77	$1,50 \pm 0,07$	**2,5**

Tabelle 4.5: Neuanpassung der Diffusionskoeffizienten

Benennung	Symbol	Wert	Einheit
Ladungszahl	z	$1,0$	-
Probendicke	L	$0,1$	cm
Absorptionsrate	k_p	$3,745 \cdot 10^{-6}$	mol/cm^2s
Desorptionsrate	k	$1,2 \cdot 10^{-3}$	cm/s
Diffusionskoeffizient	D_{sor}	$1,2 \cdot 10^{-8}$	cm^2/s
Max. Permeationsstrom	I_p^∞	$7,2255 \cdot 10^{-5}$	A
Permeationsfläche	A_{perm}	$2,0$	cm^2

Tabelle 4.6: Modellparameter für das Chemisorptionsmodell

4.1.3 Ebene Modellierung (2D)

Eine Vereinfachung des Problems auf eine ebene Modellierung reduziert zwar im erheblichen Maße den Rechenumfang, allerdings können hierbei keine Dickeneffekte abgebildet werden. In einem ebenen Modell wird die komplette Rißfront auf einen repräsentativen Knoten reduziert. Das Netz des ebenen Modells besteht aus Abaqus-CPE4T-Kontinuumselementen und 1D-Kohäsivzonenelementen, mit denen das Rißligament vernetzt wurde.

Kontinuumselemente. Das Element CPE4T ist ein bilineares 4-Knoten-Element, s. Abb. 4.4, mit den Eigenschaften in Tab. 4.7. Der zusätzlich eingeführte Temperaturfreiheitsgrad fungiert in dieser Simulation als Wasserstoffkonzentration. Insgesamt besteht das zur Berechnung erstellte Netz aus 3391 Knoten und 3088 Elementen, s. Abb. 4.5. In den Übergängen von feiner zu grober Elementierung wurde auf eine strukturierte Elementvergröberung geachtet.

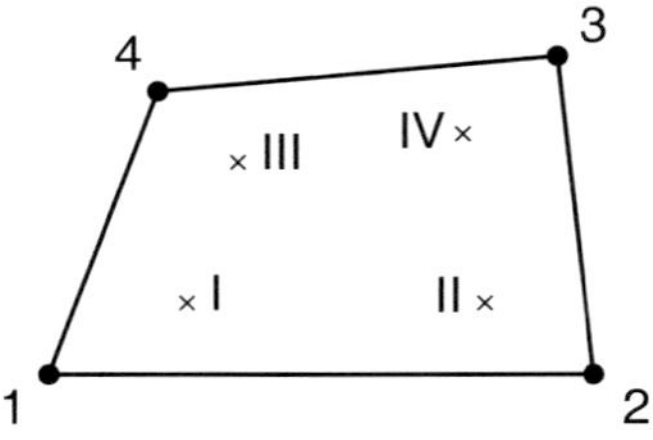

Abbildung 4.4: Elementtopologie CPE4T, Knoten und Integrationspunkte

Knoten	4
Freiheitsgrade pro Knoten	3 (2 Verschiebungen und Temperatur)
Formulierung	Ebener Verzerrungszustand
Integrationsmethode	selektiv reduziert integriert, s. Abschnitt 4.1.7
Integrationspunkte	4/1
Grad der Ansatzfunktionen	Bilinear

Tabelle 4.7: Eigenschaften Element CPE4T

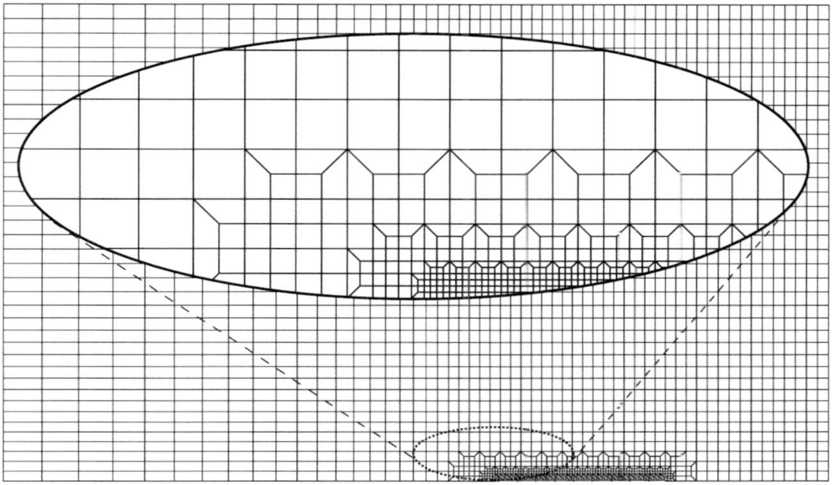

Abbildung 4.5: Vernetzung, strukturierte Elementvergröberung an der Rißspitze

Kohäsivzonenelemente. Die Kohäsivzonenelemente, s. Abb. 4.6, sind als sogenannte User Elements mit Hilfe der User Subroutine Uel über eine Benutzerschnittstelle in Abaqus implementiert und erhalten die Eigenschaften aus Tab. 4.8. Diese Parameter wurden an-

Abbildung 4.6: Elementtopologie CZE2D, Knoten und Integrationspunkte

Benennung	**Symbol**	**Wert**	**Einheit**
Kritische Separation	δ_0	0,01838	mm
Kohäsivfestigkeit	σ_{c0}	2388,9	MPa
Formparameter	δ_1/δ_0	0,05	
Formparameter	δ_2/δ_0	0,65	

Tabelle 4.8: Modellparameter Kohäsivzonenelement 2D

hand der CTOD-R-Kurve einer an Luft gezogenen C(T)-Probe an eine Simulation ohne Wasserstoffdiffusion angepaßt [Scheider et al., 2008].

4.1.4 Räumliche Modellierung (3D)

Ein typisches Erscheinungsbild der Rißfront bei duktilem Rißwachstum ohne Wasserstoffzutritt ist die sogenannte „Daumennagelform“. Experimentelle Befunde zeigen, daß sich

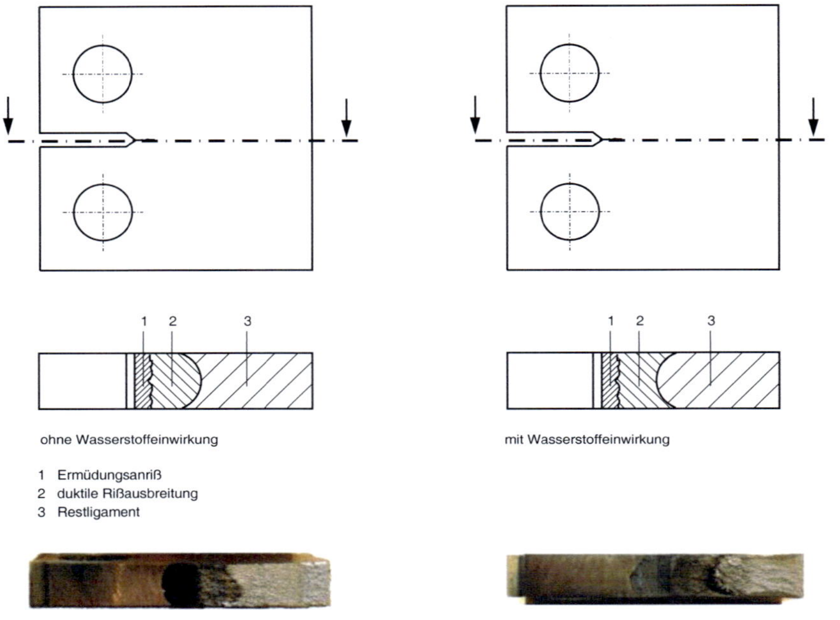

Abbildung 4.7: Rißfrontprofil bei duktilem Rißwachstum mit/ohne Wasserstoffeinwirkung

dieses Rißfrontprofil unter Wasserstoffeinfluß verändert, s. Abb. 4.7. Dies deutet darauf hin, daß die Verteilung von Wasserstoff in Dickenrichtung eine deutliche Auswirkung auf das Rißwachstumsverhalten aufweist. Offenbar erfolgt eine Materialschwächung unter Wasserstoffeinfluß jetzt an den Flankenaußenseiten, so daß die bisherige Daumennagelform teilweise komplett gespiegelt auftritt: Eilte der Riß bisher in der Dickenmitte vor, so wächst er nun teilweise an den Rändern schneller, die Materialseparation in der Dickenmitte eilt nach. Diese Effekte lassen sich in einer räumlichen Simulation (3D) modellieren. Ein vorher in der ebenen Modellierung angenommener konstanter Verlauf der Feldgrößen in Dickenrichtung wird nun durch eine berechnete Verteilung ersetzt. So kann beispielsweise eine Konzentrationsverteilung entlang der Probendicke, die an den Rändern höhere Werte als in der Mitte aufweist, den beschriebenen Effekt modellieren, s. Abschnitt 5.6.2. Dies könnte durch Wechselwirkungen mit mechanischen Feldern hervorgerufen werden, s. Abschnitt 5.6. Das Netz des räumlichen Modells besteht aus Abaqus C3D8T-Elementen und 2D-Kohäsivzonenelementen, mit denen das Rißligament vernetzt wurde.

Kontinuumselemente. Das Element C3D8T ist ein bilineares 8-Knoten-Element, s. Abb. 4.8, mit den Eigenschaften in Tab. 4.9. Der zusätzlich eingeführte Temperaturfreiheitsgrad fungiert auch hier als Wasserstoffkonzentration. Insgesamt besteht das zur Berechnung herangezogene Netz aus 24648 Knoten und 20672 Elementen, s. Abb. 4.9.

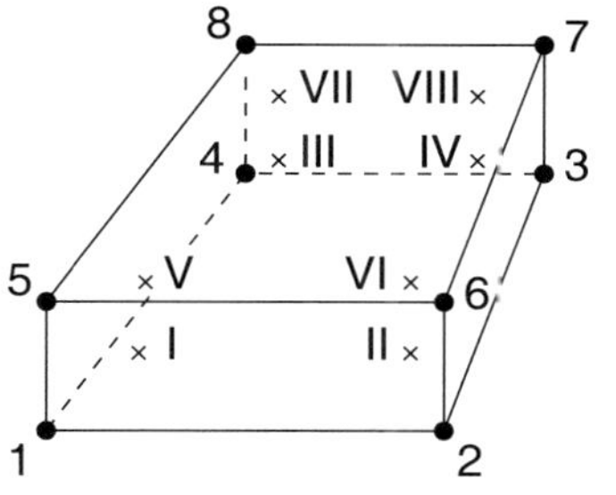

Abbildung 4.8: Elementtopologie C3D8T, Knoten und Integrationspunkte

Knoten	8
Freiheitsgrade	4 (3 Verschiebungen und Temperatur)
Integrationsmethode	selektiv reduziert integriert, s. Abschnitt 4.1.7
Integrationspunkte	8/1
Grad der Ansatzfunktionen	Bilinear

Tabelle 4.9: Eigenschaften Element C3D8T

Kohäsivzonenelemente. Die Kohäsivzonenelemente, s. Abb. 4.10, werden auch hier als sogenannte User Elements mit Hilfe der User Subroutine Uel über eine Benutzerschnittstelle in Abaqus implementiert und erhalten die Eigenschaften aus Tab. 4.10. Diese Parameter

Benennung	Symbol	Wert	Einheit
Kritische Separation	δ_0	0,03676	mm
Kohäsivfestigkeit	σ_{c0}	2388,9	MPa
Formparameter	δ_1/δ_0	0,05	
Formparameter	δ_2/δ_0	0,65	

Tabelle 4.10: Modellparameter Kohäsivzonenelement 3D

wurden ebenfalls durch die CTOD-R-Kurve einer an Luft gezogenen Probe an eine Simulation ohne Wasserstoffdiffusion angepaßt. Der im Vergleich zum Kohäsivelement 2D verwendete Wert der kritischen Separation δ_0 ist hier etwa doppelt so hoch, da aufgrund der Sicherstellung von verhältnismäßigen Rechenzeiten und Datenumfängen eine gröbere Vernetzung verwendet wurde.

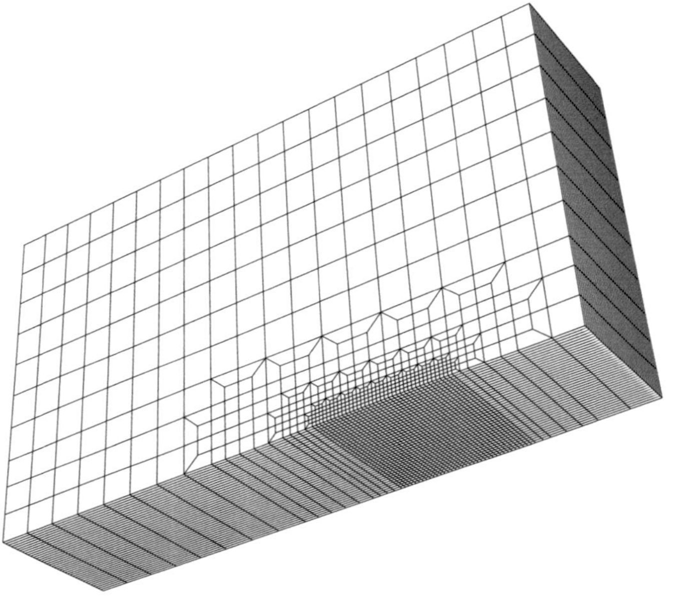

Abbildung 4.9: 3D-Modell der C(T)-Bruchmechanikprobe

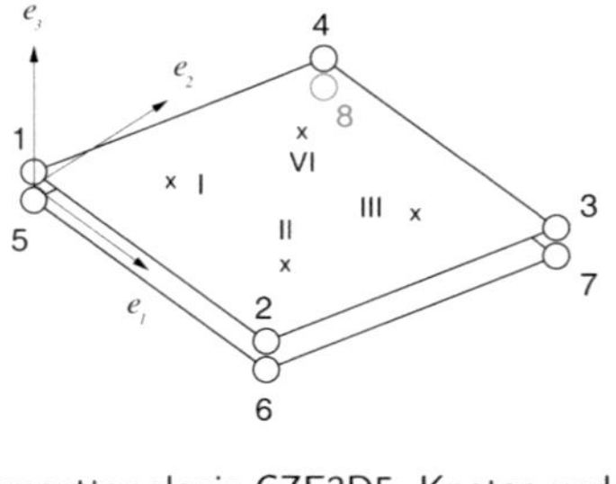

Abbildung 4.10: Elementtopologie CZE3D5, Knoten und Integrationspunkte

4.1.5 Formulierung der Randbedingungen

Für die Lösung des Problems sind die folgenden Randbedingungen zu formulieren, s. Abb. 4.11:

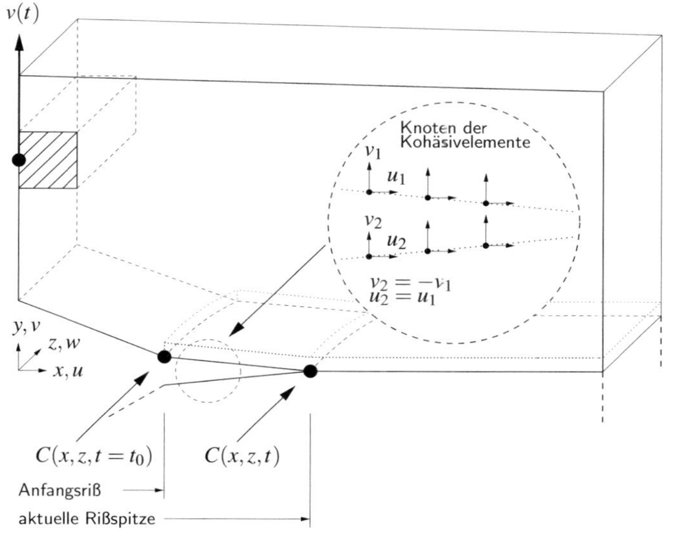

Abbildung 4.11: Randbedingungen 2D/3D

Verschiebungsrandbedingung. Die Verschiebungsrandbedingung $v(t)$ wird entsprechend der aufzubringenden Abzugsgeschwindigkeit formuliert. Die Werte sind in Tab. 4.11 abgedruckt. Die Aufbringung der Verschiebungsrandbedingung erfolgt für die ebene Simu-

Abzugsgeschwindigkeit $\dot{v}_{II,i}$	**Max. Verschiebung** v_{max}	**Zeit** t
$[\mu m/h]$	$[mm]$	$[s]$
100,0	1,8	$1,296 \cdot 10^5$
10,0	1,8	$1,296 \cdot 10^6$
1,0	1,8	$1,296 \cdot 10^7$

Tabelle 4.11: Verschiebungsrandbedingung 2D/3D

lation an einem Knoten und für die Simulation des räumlichen Modells an einer Linie. Die an diesen Knoten bzw. dieser Linie angrenzenden Elemente (schraffierter Bereich) werden linear-elastisch gerechnet, da eine elastisch-plastische Formulierung zu einer starken lokalen plastischen Deformation an diesem Knoten führen würde. Es handelt sich hierbei um eine idealisierte Lastaufbringung, bei der auf die Modellierung der Bereiche, die sich links von der Lastaufnahme befinden, verzichtet wurde, s. Abb. 4.12.

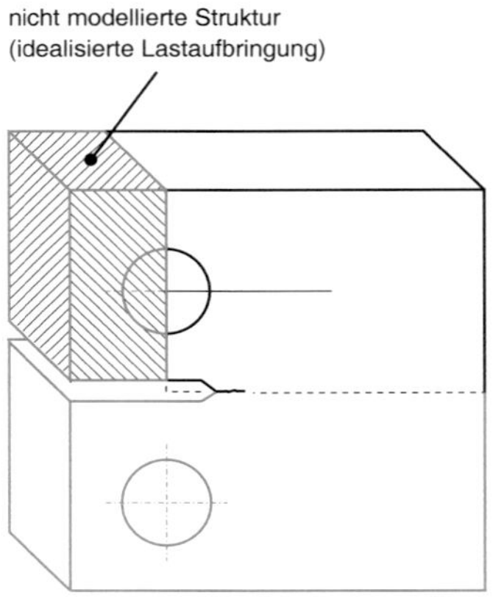

Abbildung 4.12: Idealisierte Lastaufbringung

Konzentrationsrandbedingung. Die Applikation der Wasserstoffkonzentration $C(x,t)$ (2D) bzw. $C(x,z,t)$ (3D) erfolgt als Dirichlet-Randbedingung am jeweils aktuellen Rißspitzenknoten (2D) bzw. den Rißspitzenknoten der Rißfront (3D), so daß ausgehend vom Zeitpunkt des Simulationsbeginns $t = t_0$ nach Eintritt des Rißfortschritts die Randbedingung an die entsprechenden Knoten zum aktuellen Zeitpunkt t versetzt werden muß, s. Abb. 4.11. Das ebene Modell beschränkt sich hierbei auf eine Versetzung der Randbedingung auf den jeweiligen Rißspitzenknoten, das räumliche Modell muß alle Knoten der Rißfront in z-Richtung berücksichtigen. Die Höhe der Konzentration folgt hierbei der zeitabhängigen Vorgabe des Chemisorptionsmodells aus Abschnitt 2.1, s. Abb. 4.13. Der folgende Sachverhalt stützt die Notwendigkeit des Einbezugs dieses Modells: Die Betrachtung der Rißwiderstandskurven ließ für jede Abzugsgeschwindigkeit eine andere Rißspitzenverschiebung bei Rißinitiierung erkennen. Passivschichten und Korrosionsendprodukte werden auf der Materialoberfläche ausgeschieden und verhindern die unmittelbare Aufnahme der theoretischen Sättigungskonzentration des Wasserstoffs, s. Gl. (2.1.9). Unter der Annahme einer konstanten Gleichgewichtskonzentration müßten sich diese Rißinitiierungspunkte allerdings aufgrund des gleichen damit verbundenen Schädigungsausmaßes decken - was hier nicht der Fall ist. Daher kann gefolgert werden, daß für diese unterschiedliche Rißspitzenverschiebung bei Rißinitiierung die Ursache im unterschiedlichen Eintrag von Wasserstoff in das Material zu finden ist. Zieht man noch hinzu, daß die langsamste Abzugsrate die geringste und die schnellste die höchste Rißspitzenverschiebung aufweist (Abfall der Duktilität), so scheint es wahrscheinlich, daß ein zeitlicher Einfluß der Schädigung durch Wasserstoff mit der Zutrittsdauer korreliert ist, was durch das Chemisorptionsmodell modellierbar wird.

Anders stellt sich die Situation nach der Rißinitiierung dar. Aufgrund des Rißwachstums entstehen neue Oberflächen, welche nicht mit solchen Ablagerungen überzogen sind. Daher wird bezüglich der Konzentrationsrandbedingung nach dem Zeitpunkt der Rißinitiierung die Sättigungskonzentration angenommen.

Um die Absorptions- und Desorptionsratenparameter zu bestimmen, wurden Kurven der Permeationsstromdichte aus vorangegangenen Experimenten herangezogen [Juilfs, 2001] s. Abb. 3.8. Die Sättigungskonzentration beläuft sich hierbei auf den Wert $C_\infty = 3,744 \cdot 10^{-7}\, mol/cm^3$ bei einer Absorptionsrate von $k_p = 3,745 \cdot 10^{-6}\, mol/(cm^2 s)$. Diese Konzentration wird durch einen Permeationsstrom von $I_p = 7,2255 \cdot 10^{-5}\, A$ mit Hilfe des Chemisorptionsmodells, s. Gl. (2.1.18), erzeugt. Ähnliche Werte ermittelten [Luppo and Ovejero-Garcia, 1991] für einen Low-Carbon-Stahl in Form einer Gleichgewichtskonzentration im Intervall von $C_\infty = 0,44$ bis $3,66 \cdot 10^{-3}\, cm^3(H)/cm^3(Fe)$ für verschiedene Behandlungszustände, welche umgerechnet dem Intervall von $C_\infty = 39,2$ bis $3,62 \cdot 10^{-7}\, mol/cm^3$ entspricht.

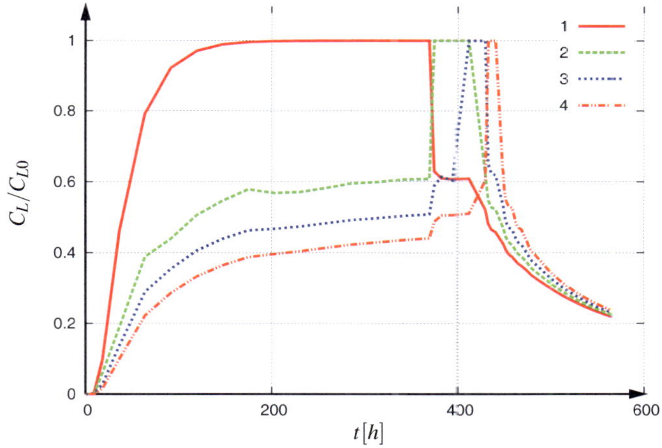

Abbildung 4.13: Randbedingung - Applizierte zeitabhängige Wasserstoffkonzentration an der Rißspitze in den ersten vier Knoten, $C_{L0} = C_\infty = 3,744 \cdot 10^{-7}\, mol/cm^3$

Symmetriebedingung. Die Probe wird unter Ausnutzung der Symmetriebedingung nur zur Hälfte (2D) bzw. zu einem Viertel (3D) modelliert, um Rechenkosten einzusparen. Daher wird in der Symmetrieebene zwischen oberer und unterer Probenhälfte eine entsprechende Randbedingung formuliert. Hierbei werden die Knoten der an der Symmetrieebene angebrachten Kohäsivzonenelemente unter folgende Zwangsbedingungen gesetzt, s. Abb. 4.11:

- Die unteren Knoten der Kohäsivzonenelemente sollen sich um den gleichen Betrag in x-Richtung verformen, mit gleichem Vorzeichen: $u_2 = u_1$.

- Die unteren Knoten der Kohäsivzonenelemente sollen sich um den gleichen Betrag in y-Richtung verformen, mit umgekehrtem Vorzeichen: $v_2 = -v_1$.

- Die unteren Knoten der Kohäsivzonenelemente sollen sich um den gleichen Betrag in z-Richtung verformen, mit gleichem Vorzeichen: $w_2 = w_1$ (nur 3D).

Diese Zwangsbedingungen wurden mit Hilfe der `*EQUATIONS`-Option in Abaqus umgesetzt. Beim 3D-Modell muß in der zusätzlichen x-y-Symmetriebene eine Fesselung der Knoten in w-Richtung vorgenommen werden.

4.1.6 Modellierung der Konzentrationsrandbedingung mittels Penalty-Verfahren

Die Formulierung einer orts- und damit knotenabhängigen Randbedingung wird durch die FEM-Umgebung von Abaqus nicht unterstützt. Daher wird die Berechnung der Randbedingung mittels der Penalty-Methode am entsprechenden Kohäsivzonenelement (2D) der Rißspitze bzw. bei den entsprechenden Kohäsivzonenelementen der Rißfront (3D) durchgeführt.

Das Penalty-Verfahren. Das Penalty-Verfahren wird für vorgeschriebene generalisierte Verschiebungsrandbedingungen eingesetzt [Cheung and Yeo, 1979]. Rechenaufwendige Umsortierungen des Gleichungssystems zur Aufbringung der Randbedingung können durch diese Methode ersetzt werden. Sie wird wie folgt angewendet: Das Gleichungssystem Gl. (4.1.1) soll exemplarisch das Gleichungssystem eines beliebigen Elementes repräsentieren, welches den Konzentrationsvektor $\mathbf{c}$ aufweist. Der dazugehörige Flußvektor ist $\mathbf{j}$, die Matrix $\mathbf{D}$ repräsentiert die Systemmatrix.

$$\overbrace{\begin{bmatrix} D_{11} & D_{12} & \dots & D_{1n} & \dots & D_{1N} \\ D_{21} & D_{22} & \dots & D_{2n} & \dots & D_{2N} \\ \vdots & \vdots & & \vdots & & \vdots \\ D_{n1} & D_{n2} & \dots & D_{nn} & \dots & D_{nN} \\ \vdots & \vdots & & \vdots & & \vdots \\ D_{N1} & D_{N2} & \dots & D_{Nn} & \dots & D_{NN} \end{bmatrix}}^{\mathbf{D}} \overbrace{\begin{bmatrix} c_1 \\ c_2 \\ \vdots \\ c_n \\ \vdots \\ c_N \end{bmatrix}}^{\mathbf{c}} = \overbrace{\begin{bmatrix} j_1 \\ j_2 \\ \vdots \\ j_n \\ \vdots \\ j_N \end{bmatrix}}^{\mathbf{j}} \tag{4.1.1}$$

Zur Aufprägung einer Konzentration $c_n = \alpha$ am Knoten n sind bei der Penalty-Methode folgende Schritte durchzuführen, s. Gl. (4.1.2):

1. Von dem Vektor der rechten Seite $\mathbf{j}$ ist die n-te Spalte der Systemmatrix $\mathbf{D}$, multipliziert mit dem Randwert α abzuziehen.

2. Zu dem Matrizeneintrag D_{nn} dieses Knotens ist ein sogenannter Penalty-Wert zu addieren. Dieser Wert ist im Vergleich zu der Matrixnorm von $\mathbf{D}$ um mehrere Größenordnungen höher anzusetzen. Hier wurde der Wert 10^{20} gewählt.

$$\begin{bmatrix} D_{11} & D_{12} & \dots & D_{1n} & \dots & D_{1N} \\ D_{21} & D_{22} & \dots & D_{2n} & \dots & D_{2N} \\ \vdots & \vdots & & \vdots & & \vdots \\ D_{n1} & D_{n2} & \dots & D_{nn}+10^{20} & \dots & D_{nN} \\ \vdots & \vdots & & \vdots & & \vdots \\ D_{N1} & D_{N2} & \dots & D_{Nn} & \dots & D_{NN} \end{bmatrix} \begin{bmatrix} c_1 \\ c_2 \\ \vdots \\ c_n \\ \vdots \\ c_N \end{bmatrix} = \begin{bmatrix} j_1 \\ j_2 \\ \vdots \\ j_n \\ \vdots \\ j_N \end{bmatrix} - \alpha \begin{bmatrix} D_{1n} \\ D_{2n} \\ \vdots \\ D_{nn} \\ \vdots \\ D_{Nn} \end{bmatrix} \tag{4.1.2}$$

Es muß beachtet werden, daß hierbei der betreffende Knotenwert c_n nach der Lösung des Gleichungssystems eine numerische Null ergibt. Daher muß die rechte Seite $\mathbf{j}$ durch eine zusätzliche Rechnung mit dem korrekten Randwert $c_n = \alpha$ bestimmt werden. Eine exemplarische algebraische Herleitung des Randwertproblems wurde für ein 2x2-System im Anhang C zur Verdeutlichung durchgeführt.

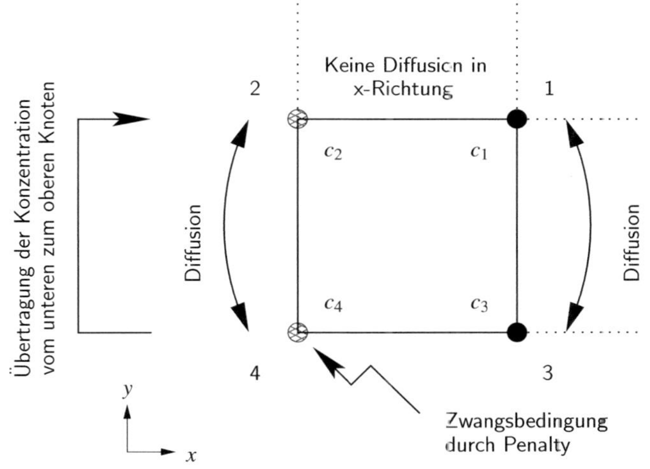

Abbildung 4.14: Anwendung der Penalty-Methode auf ein 2D-Kohäsivzonenelement der Rißspitze

Anwendung des Penalty-Verfahrens in 2D In der 2D Elementformulierung wird das Penalty-Verfahren auf das jeweilige aktuelle Rißspitzenelement angewendet. Hierbei handelt es sich um Kohäsivzonenelemente mit vier Knoten. Auf eine der gewöhnlichen Diffusionsphänomenologie entsprechende Umsetzung der Diffusion in diesem Element wird verzichtet. Stattdessen wird die folgende Strategie umgesetzt, s. auch Abb. 4.14:

1. Die Zwangsbedingung wird an dem unteren Elementknoten angebracht.

2. Die Elementmatrix wird modifiziert, so daß eine Diffusion nur zwischen dem unterem Knoten mit der Zwangsbedingung und dem darüberliegenden (2-4) sowie zwischen dem verbleibenden Knotenpaar (1-3) in y-Richtung stattfinden kann.

$$D\begin{bmatrix}-1 & 0 & 1 & 0\\ 0 & -1 & 0 & 1\\ 1 & 0 & -1 & 0\\ 0 & 1 & 0 & -1\end{bmatrix}\begin{bmatrix}c_1\\ c_2\\ c_3\\ c_4\end{bmatrix}=\begin{bmatrix}j_1\\ j_2\\ j_3\\ j_4\end{bmatrix} \tag{4.1.3}$$

Eine weitere Diffusion in x-Richtung findet nicht statt. Die hierzu implementierten Elementmatrizen sind in Gl. (4.1.3) abgedruckt.

Mit dieser Strategie wird gewährleistet, daß bei einem hinreichend großen Diffusionskoeffizienten der Wert des oberen Knotens gleich dem am unteren Knoten applizierten Randwert α ist. Somit wird aufgrund der gemeinsamen Knoten an den Kontinuumselementen, die an den Kohäsivzonenelementen oben angrenzen, der entsprechende Randwert weitergegeben. Allerdings kann der untere Knotenwert, der nun im Rahmen des Penalty-Verfahrens eine numerische Null zugewiesen erhält, nicht korrigiert werden. Hierfür fehlt die Eingriffsmöglichkeit in das Gesamtsystem aller Elemente, das die Software Abaqus intern löst. Dieser Umstand erzeugt allerdings in der Simulation keinen Fehler, da die Kohäsivzonenelemente mit Konzentrationswerten arbeiten, die vom angrenzenden Kontinuumselement übernommen werden. Damit wird eine eineindeutige Zuordnung von Separationsprozessen zu den Kohäsivzonenelementen sowie der Deformations- und Diffusionsprozesse zu den Kontinuumselementen gewährleistet. Die mit der Penalty-Methode modellierten Diffusionsprozesse in den Kohäsivzonenelementen dienen nur der Erzeugung der Randbedingung und haben darüberhinaus keine Bedeutung für die Diffusionsprozesse.

Anwendung des Penalty-Verfahrens in 3D Im räumlichen Modell muß das Penalty-Verfahren erweitert werden. Das komplette Ligament wird in x- und z-Richtung von einer Schleife abgetastet und die versagten Elemente werden detektiert, um die davor liegende Rißfront mit den Kohäsivzonenelementen identifizieren zu können. Auf diese Elemente wird das Penalty-Verfahren angewendet. Es werden insgesamt zwei Knoten pro Element mit der Bedingung belegt, s. Abb. 4.15. Das Gleichungssystem muß für ein 8-Knoten-Element formuliert werden, s. Gl. (4.1.4). Die weitergehende Vorgehensweise verläuft analog zu der Anwendung des Penalty-Verfahrens in 2D aus dem vorangegangenem Abschnitt.

$$D\begin{bmatrix}-1 & 0 & 0 & 0 & 1 & 0 & 0 & 0\\ 0 & -1 & 0 & 0 & 0 & 1 & 0 & 0\\ 0 & 0 & -1 & 0 & 0 & 0 & 1 & 0\\ 0 & 0 & 0 & -1 & 0 & 0 & 0 & 1\\ 1 & 0 & 0 & 0 & -1 & 0 & 0 & 0\\ 0 & 1 & 0 & 0 & 0 & -1 & 0 & 0\\ 0 & 0 & 1 & 0 & 0 & 0 & -1 & 0\\ 0 & 0 & 0 & 1 & 0 & 0 & 0 & -1\end{bmatrix}\begin{bmatrix}c_1\\ c_2\\ c_3\\ c_4\\ c_5\\ c_6\\ c_7\\ c_8\end{bmatrix}=\begin{bmatrix}j_1\\ j_2\\ j_3\\ j_4\\ j_5\\ j_6\\ j_7\\ j_8\end{bmatrix} \tag{4.1.4}$$

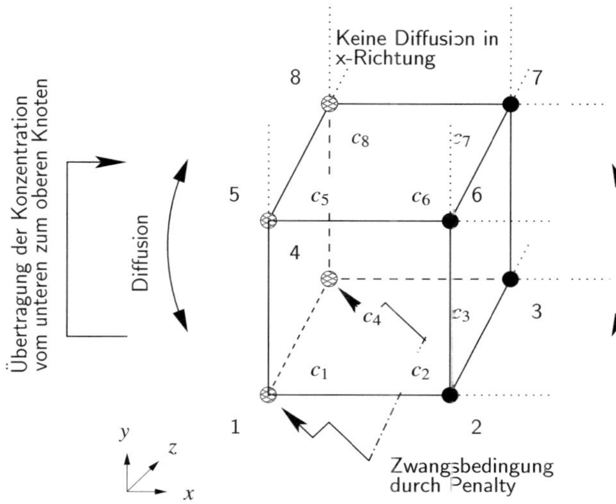

Abbildung 4.15: Anwendung der Penalty-Methode auf ein 3D-Kohäsivzonenelement der Rißspitze

4.1.7 Berechnung des Druckgradienten

Für den Transportterm in der Diffusionsgleichung, s. Gl. (2.2.21), wird in jedem materiellen Punkt der Druckgradient benötigt. Abaqus stellt keinen Druckgradienten als Ausgabevariable bereit. Es handelt sich bei den verwendeten CPE4T (2D)- bzw. C3D8T (3D)-Elementen um selektiv reduziert integrierte Elemente, d.h. der hydrostatische Druck wird reduziert integriert, während alle anderen Spannungsgrößen vollständig integriert werden. Als Folge dieser selektiven Integrationsmethode erhalten alle Integrationspunkte des jeweiligen Elementes einen identischen hydrostatischen Druck zugewiesen.

Die Berechnung des Druckgradienten wird in der vorliegenden Arbeit folgendermaßen vorgenommen. Am Ende jedes Inkrementes wird das Feld des hydrostatischen Drucks abgefragt. Der Druck ist hierbei auf allen vier (2D) bzw. acht (3D) Integrationspunkten eines Elements identisch, daher ist ein Gradient im Element nicht vorhanden. Der Druckgradient muß deshalb über benachbarte Elemente wie folgt berechnet werden.

1. Die an einem Knoten benachbarten Elemente werden ermittelt

2. Aus den Drücken der benachbarten Elemente wird dann das arithmetische Mittel gebildet und für den betreffenden Knoten gespeichert, so daß hiernach ein stetiges Feld mit Knotendrücken vorliegt.

3. Für eine isoparametrische FEM-Formulierung werden die aktuellen Koordinaten bzw. Verschiebungen der Elemente benötigt. Hierfür werden die Koordinaten des voran-

gegangenen Inkrements mit Hilfe der User Subroutine Urdfil ausgelesen. Dieses Feld wird nun durch eine FEM-Prozedur ausgewertet.

Die linearen Ansatzfunktionen lauten gemäß den Polynomansätzen nach Lagrange, s. Gl. (4.1.5), für ein 2D-Element mit vier Knoten und den Koordinaten ξ und η, s. Abb. 4.16,

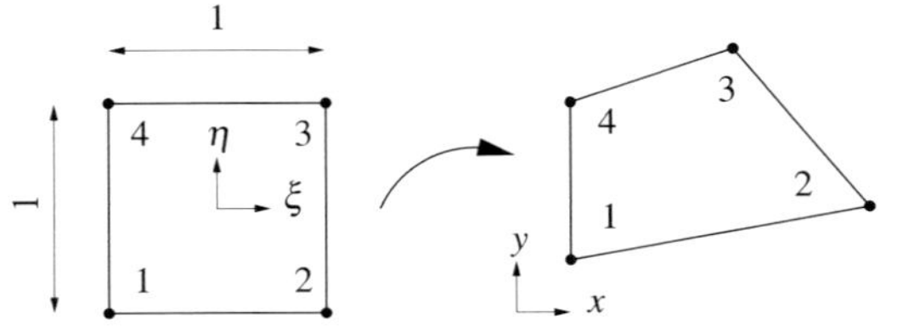

Abbildung 4.16: Isoparametrisches 4-Knoten-Element

$$N_i(\xi,\eta) = \frac{1}{4}(1+\overline{\xi}_i\xi)(1+\overline{\eta}_i\eta), \tag{4.1.5}$$

der Ansatz für den Druck p im Element wird durch den darauf folgenden Interpolationsansatz

$$p(\eta,\xi) = p_k N_k(\eta,\xi) = \mathbf{p}^T\mathbf{N} \tag{4.1.6}$$

formuliert. Der Druckgradient $\frac{\partial p}{\partial x_i}$ leitet sich aus Gl. (4.1.6) wie folgt ab, hierbei ist $\boldsymbol{\xi} = (\xi,\eta)$ und $\mathbf{J}$ bezeichnet die Jacobi-Matrix:

$$\begin{aligned}\frac{\partial p}{\partial x_i} &= \frac{\partial p}{\partial \xi_j}\frac{\partial \xi_j}{\partial x_i}\\ &= p_k\frac{\partial N_k}{\partial \xi_j}\frac{\partial \xi_j}{\partial x_i}\\ &= \mathbf{p}^T\frac{\partial \mathbf{N}}{\partial \boldsymbol{\xi}}\frac{\partial \boldsymbol{\xi}}{\partial \mathbf{x}}\\ &= \mathbf{p}^T\frac{\partial \mathbf{N}}{\partial \boldsymbol{\xi}}\mathbf{J}^{-1}\end{aligned} \tag{4.1.7}$$

Auf die Beschreibung der Berechnung des Druckgradienten für die 3D-Formulierung, die demselben Schema folgt, wird an dieser Stelle verzichtet. Durch den Umstand, erst am Ende des Inkrements die Auswertung vornehmen zu können, erfolgt die Verarbeitung des Druckgradienten im aktuellen Inkrement zum Zeitpunkt $t+\Delta t$ mit einem Wert des Inkrementes zum Zeitpunkt t.

4.2 Lösungsverfahren

Die Simulation des Modells wurde mit dem impliziten Solver Abaqus/Standard unter Einsatz mehrerer User Subroutines durchgeführt. Durch die hohe Anzahl an benutzereigenen

Modellen kommen zahlreiche selbstprogrammierte User Subroutines zum Einsatz. Der simulierte Versuchszeitraum von bis zu 150 Tagen bei der langsamsten Abzugsgeschwindigkeit führte hier zu einer entsprechend umfangreichen Simulationsdauer sowie großen Ausgabedateien, s. Abschnitte 4.2.1 und 4.2.2. In Tab. 4.12 wird die anzunehmende Versuchsdauer bis zum Erreichen der definierten maximalen Lastlinienverschiebung mit der tatsächlichen Simulationsdauer verglichen.

Abzugsgeschwindigkeit $[\mu m/h]$	**Versuchsdauer** $[d]$	**Simulationsdauer** $[h]$	**Datenumfang** $[GB]$
$100,0$	$1,5$	$0,85$	$0,93$
$10,0$	$15,0$	$1,15$	$1,40$
$1,0$	$150,0$	$4,78$	$4,90$

Tabelle 4.12: Zeitaufwand im Vergleich - Simulation und Experiment, Datenumfang

4.2.1 Lösung des ebenen Problems

Die Rechnungen wurden auf einer Sun Fire X4600-M2 mit einer Taktrate von 2800 MHz auf einem Core ausgeführt. Die on-air-Kurve wurde mit einer Abzugsgeschwindigkeit von $\dot{v}_{ll,onair} = 30\ mm/h$ simuliert, benötigte hierfür eine Simulationsdauer von $t = 0,43\ h$ und erzeugte einen Datenumfang von $615MB$. Die Simulationen unter Wasserstoffeinfluß, s. Tab. 4.12, benötigten einen deutlich höheren Umfang sowohl an Simulationsdauer als auch an Daten. Es mußte darauf geachtet werden, daß die Zeitschritte nicht zu groß gewählt wurden, da ansonsten während der Gleichgewichtsiterationen die Randbedingung zwischen zwei Knoten ggf. alternierend versetzt wurde und die Rechnung keine Konvergenz aufwies. Trat dieses Phänomen auf, führte dies zu einem Rechnungsabbruch. Zusätzlich traten ab einer gewissen Obergrenze der Kohäsivfestigkeit Deformationen auf, die bei den Kohäsivelementen zu einem unerwünschten Elementverhalten führten. Die Ursache hierfür lag in den starken Deformationen, die aufgrund der linearen Elementformulierung zu Extrapolationsfehlern geführt haben.

4.2.2 Lösung des räumlichen Problems

Die Rechnungen wurden ebenfalls auf einer Sun Fire X4600-M2 mit einer Taktrate von 2800 MHz auf insgesamt acht Cores parallelisiert ausgeführt. Trotz einer moderaten Anzahl von 98500 Freiheitsgraden erreichte die erforderliche Rechenzeit einen beachtlichen Umfang. Dieses Problem konnte auf die Benutzung des Lösers `*COUPLED TEMPERATURE-DISPLACEMENT` eingeschränkt werden. Diese Folgerung ergab sich aus Vergleichsrechnungen mit Modellen ohne Wasserstoffdiffusion. Es wurden zwei Simulationen zu Vergleichszwecken durchgeführt; eine Rechnung mit dem Löser `*STATIC` und eine Rechnung mit dem Löser `*COUPLED TEMPERATURE-DISPLACEMENT`. `*COUPLED TEMPERATURE-DISPLACEMENT` benötigte eine Rechenzeit von $t = 77\ h$ und belegte einen Festplattenspeicher von etwa 60GB. `*STATIC` hingegen benötigte nur bzw. $t = 18\ h$ mit einem Speichervolumen von 39GB und ist damit über vier Mal so schnell.

4.3 Strategie zur Parameteridentifikation

Zur Durchführung der Simulation müssen die erforderlichen Modellparameter bestimmt werden, vgl. Tab. 5.4. Dies erfolgt nach dem in Abb. 4.17 gezeigten Schema. Im ersten Schritt werden Permeationsversuche zur Untersuchung der oberflächenkinetischen Zusammenhänge durchgeführt. Zur Auswertung werden die Kurven der Permeationsstromdichte herangezogen. Aus einer Regressionsanalyse mit dem Chemisorptionsmodell aus Abschnitt 2.1 werden in [1] die Parameter k, k_p und D_{sor} bestimmt. Danach werden Fließkurven aus Zugversuchen an Rundzugproben ermittelt. Aus diesen Fließkurven an Laborluft werden in [2] die Parameter n, ε_0, σ_0 bestimmt, die für das implementierte elastisch-plastische Werkstoffmodell benötigt werden. In [3] wird der Entfestigungsparameter ξ bestimmt, in dem die Fließgrenze, die aus Zugversuchen unter Wasserstoffeinwirkung ermittelt wurde, mit der Fließgrenze aus Versuchen an Laborluft verglichen wird. Im letzten Schritt werden Bruchmechanikversuche an C(T)-Proben durchgeführt. Aus den Versuchen an Laborluft werden durch eine Parameteranpassung mit Hilfe eines Gradientenverfahrens in [4] die Kohäsivparameter σ_{c0}, δ_0 bestimmt. Aus Rißwiderstandskurven, die aus Bruchmechanikversuchen unter Wasserstoffeinwirkung ermittelt wurden, erfolgt in [5] die Bestimmung der Diffusionsparameter i_p^∞, ΔH_d ebenfalls mit Hilfe eines Gradientenverfahrens.

4.4 Verfahren zur Parameteranpassung

Die wesentlichen Modellparameter werden durch ein Gradientenverfahren angepaßt. Hier kam der auf einem Quasi-Newton-Verfahren basierende L-BFGS[1]-B-Algorithmus zum Einsatz. Er approximiert die Hesse-Matrix, um Rechenkosten einzusparen, dadurch ist dieser Algorithmus bei einer hohen Anzahl von Modellparametern zweckmäßig. Die herangezogenen Modellparameter sind in Tab. 4.13 genannt. Basierend auf experimentellen Ergebnissen erfolgt eine Erstanpassung. Dies ist bei der Bestimmung der Kohäsivparameter σ_{c0}, δ_0 aus den experimentellen R-Kurven der Fall. Durch weitere Parameteranpassungen werden Feinanpassungen vorgenommen. Dies erfolgt bei den Parametern ΔH_d, i_p^∞, D_{sor}, ξ. Das

Parameter	**Benennung**
σ_{c0}	Kohäsivfestigkeit
δ_0	kritische Separation
ΔH_d	Diffusionsenthalpie
i_p^∞	max. Permeationsstromdichte
D_{sor}	Diffusionskoeffizient bzgl. der Grenzschicht
ξ	Verminderungskoeffizient bzgl. der Fließgrenze

Tabelle 4.13: Modellparameter zur Identifikation 2D

Gradientenverfahren verwendet als Zielfunktion die experimentelle R-Kurve und berechnet abhängig von der auftretenden Abweichung zur simulierten R-Kurve die Gradienten für die Modellparameter x_i, s. Abb. 4.18. Die Anpassungsprozedur wird durch ein Python-Skript, welches sowohl den L-BFGS-B-Algorithmus als auch die FEM-Simulation in Abaqus

[1] Broyden-Fletcher-Goldfarb-Shannon

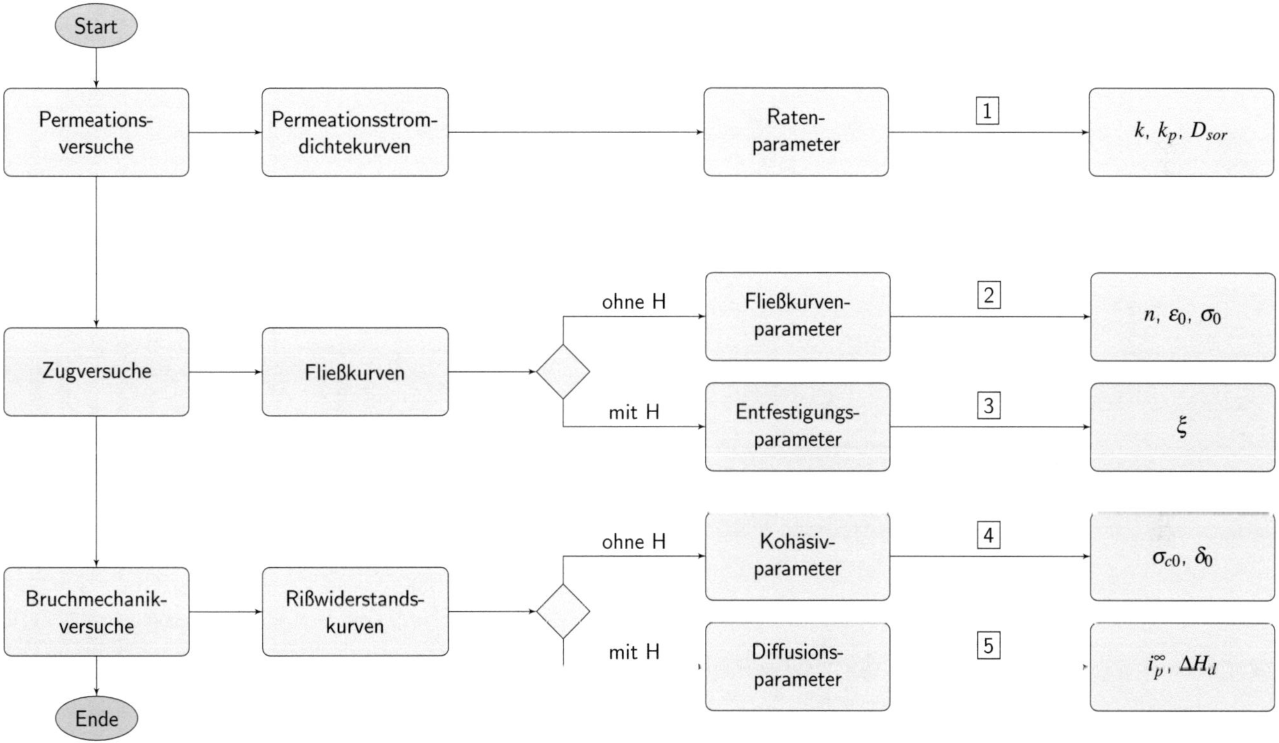

Abbildung 4.17: Strategie zur Parameterbestimmung

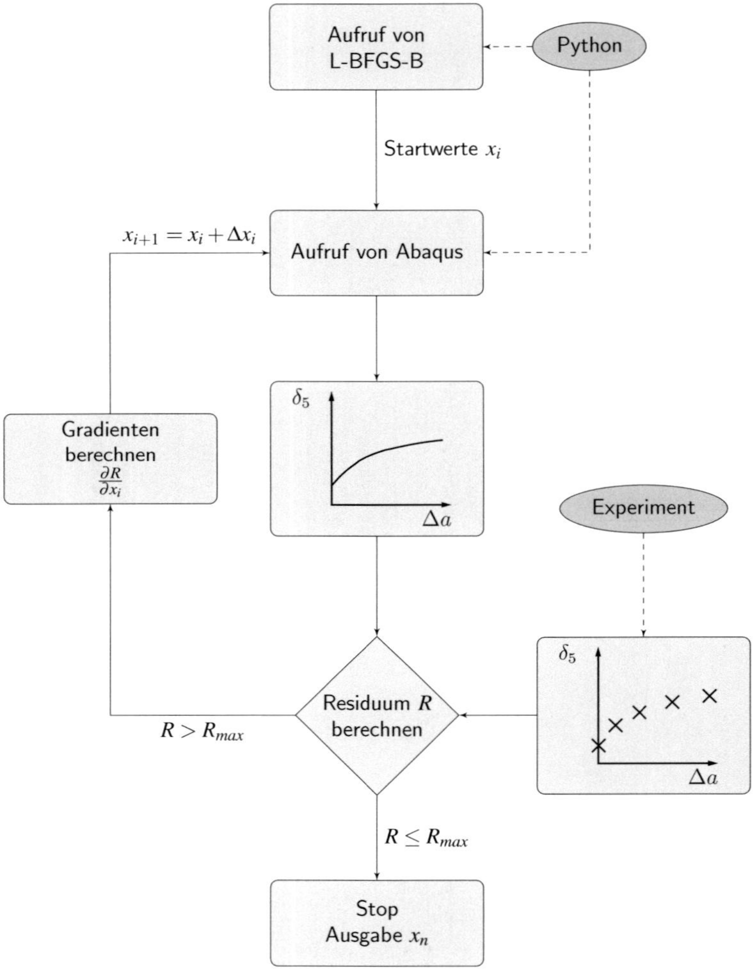

Abbildung 4.18: Ausführungsschema des Gradientenverfahrens zur Anpassung der Modellparameter x_i

ansteuert, durchlaufen. In diesem Skript sind die jeweiligen Intervallgrenzen der Modellparameter hinterlegt. Nach Simulationsende wird die R-Kurve ausgegeben, die dann mit der experimentellen R-Kurve verglichen wird. Basierend auf dem Residuum, das sich aus dem Vergleich der simulierten mit der experimentellen R-Kurve ergibt, wird durch den L-BFGS-B-Algorithmus entweder eine Parameteranpassung für den nächsten Schritt vorgenommen oder die Rechnung wird bei hinreichend kleinem Residuum mit Ausgabe der angepaßten Parameter beendet. Für jeden Parameter ist eine zusätzliche Simulation zur Gradientenbestimmung notwendig, so daß dadurch der Rechenumfang proportional zur Parameteranzahl wächst. Bei der Verwendung von Anfangswerten aus einem physikalisch nachgewiesenen Intervall, das beispielsweise durch Experimente bestimmt wird, konnte der Zielwert des Parameters in dem gezeigten Fall bereits nach ca. 10 Schritten erreicht werden, dies ist in Abb. 4.19(a) exemplarisch für eine Feinanpassung der Parameter D_{sor}, i_p^∞, ξ, ΔH_d mit der zugehörigen Entwicklung des Residuums in Abb. 4.19(b) dargestellt. Für diese Anpassung wurden aufgrund der Anzahl von vier Parametern für 10 Schritte insgesamt 50 Simulationen durchgeführt.

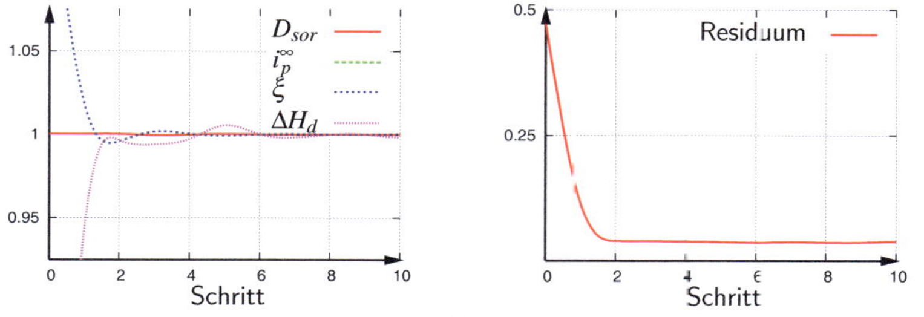

(a) Parameter, jeweils auf den Zielwert normiert (b) Entwicklung des Residuums

Abbildung 4.19: Verlauf einer Parameter(fein)anpassung (Gradientenverfahren)

Kapitel 5

Ergebnisse

Im Werkstoff gelöster atomarer Wasserstoff beeinflußt sowohl die dortigen Schädigungs- als auch die Deformationsprozesse und wirkt sich daher auf den Rißwiderstand des Materials aus. Eine CTOD-δ_5-R-Kurve, die das Rißwachstumsverhalten unter Wasserstoffeinfluß charakterisiert, verläuft flacher, s. Abb. 5.1, und beschreibt damit den Abfall der Dukti-

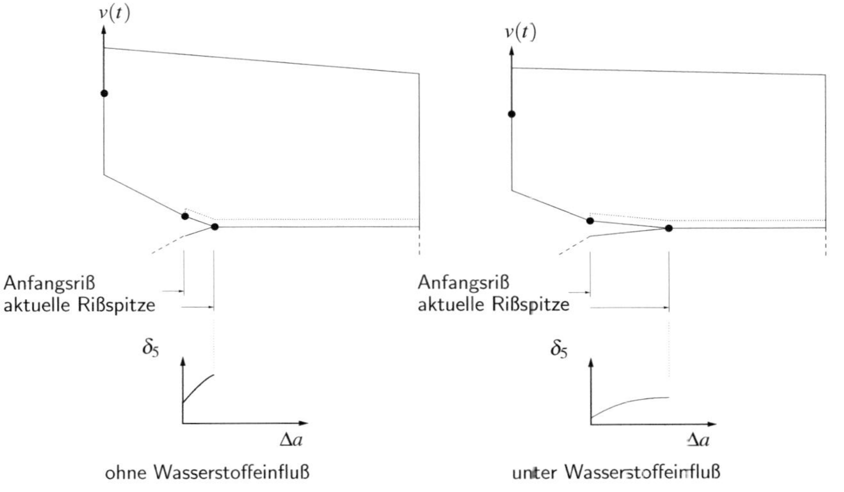

Abbildung 5.1: Auswirkungen des Wasserstoffs auf den Rißwiderstand (schematische Skizze)

lität. Durch die mit wachsender Dauer der Wasserstoffexposition zunehmende Degradation des Werkstoffes setzt ein verfrühtes Rißwachstum ein, so daß eine deutlich stärkere Rißverlängerung Δa bei gleicher oder sogar geringerer Rißspitzenöffnung δ_5 zu beobachten ist. Durch Versuche, s. Abschnitt 3.1, stehen experimentelle R-Kurven zur Verfügung. Für die Validierung des in der vorliegenden Arbeit vorgestellten Modells werden die simulierten mit den experimentellen R-Kurven verglichen.

5.1 Vergleich des simulierten Rißwachstums mit experimentellen Daten

Mit dem in dieser Arbeit vorgestellten Modell sind die experimentellen R-Kurven simulierbar, s. Abb. 5.2. Die Symbole stellen die experimentell erzeugten R-Kurven dar, die durchgezoge-

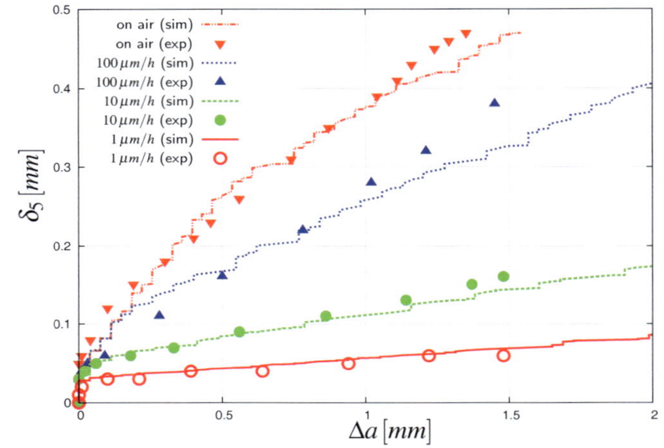

Abbildung 5.2: Simulierte und experimentelle R-Kurven im Vergleich

nen Kurven sind die simulierten Ergebnisse. Der Vergleich der beiden Ergebnisse weist eine gute Wiedergabe des Experimentes durch die Simulation auf. Dargestellt sind die R-Kurven der drei Abzugsgeschwindigkeiten $\dot{v}_{ll,1} = 1\,\mu m/h$, $\dot{v}_{ll,2} = 10\,\mu m/h$ und $\dot{v}_{ll,3} = 100\,\mu m/h$ sowie eine „on air"-Kurve, welche ohne Wasserstoffeinfluß mit einer Abzugsgeschwindigkeit von $\dot{v}_{ll,onair} = 30\,mm/h$ erzeugt wurde. Mit Hilfe der „on-air"-Kurve werden die Kohäsivparameter zur Beschreibung der Materialseparation infolge duktilen Rißwachstums bestimmt. Bei den Abzugsgeschwindigkeiten $\dot{v}_{ll,1}$,$\dot{v}_{ll,2}$,$\dot{v}_{ll,3}$ wurde die C(T)-Probe einer wasserstoffhaltigen Umgebung ausgesetzt. Es ist zu beobachten, daß bei einer hohen Abzugsgeschwindigkeit $\dot{v}_{ll,3}$ der Rißwiderstand weniger stark geschwächt wird als bei den niedrigeren Abzugsgeschwindigkeiten $\dot{v}_{ll,2}$ und $\dot{v}_{ll,1}$. Bei der geringsten Abzugsgeschwindigkeit $\dot{v}_{ll,1}$ erfolgte der stärkste Abfall des Rißwiderstandes, daher ist dort auch die am niedrigsten verlaufende R-Kurve zu erkennen. Die Rißinitiierung setzte zudem bei fallender Abzugsgeschwindigkeit früher ein, was durch den abnehmenden Quotienten der Initiierungszeitpunkte mit und ohne Wasserstoffwirkung erkennbar ist, s. Tab. 5.1. Mit Hilfe der Ergebnisse der vorliegenden Arbeit ist die direkte Proportionalität von Abzugsgeschwindigkeit und Rißwiderstand durch den Umfang der Wasserstoffaufnahme und -ausbreitung innerhalb des Werkstoffs zu erklären. Der gelöste Wasserstoff wird durch zwei Vorgänge in seinem Transport entscheidend eingeschränkt: Der erste Vorgang besteht in der Absorption des Wasserstoffs an der Werkstoffoberfläche. Durch Korrosionsablagerungen und Deckschichten wird die Aufnahme des Wasserstoffs erschwert. Umgekehrt begünstigen die durch Rißwachstum entstandenen

Abzugsgeschwindigkeit	**Rißinitiierungszeitpunkt**		**Abweichung mit H/ohne H**
	ohne H (t_{ini})	**mit H** $(t_{ini,H})$	$(t_{ini,H}/t_{ini})$
$[\mu m/s]$	$[s]$	$[s]$	[–]
$30,0 \cdot 10^3$ (on-air)	$85,65$	—	—
$100,0$	$2,5695 \cdot 10^4$	$2,1463 \cdot 10^4$	$0,84$
$10,0$	$2,5695 \cdot 10^5$	$1,8072 \cdot 10^5$	$0,70$
$1,0$	$2,5695 \cdot 10^6$	$1,3349 \cdot 10^6$	$0,52$

Tabelle 5.1: Vergleich der Zeitpunkte der Rißinitiierung unter Wasserstoffeinfluß

neuen Oberflächen die Wasserstoffaufnahme, da Deckschichten zunächst nicht vorhanden sind. Der zweite Vorgang knüpft an den ersten direkt an. Der im Werkstoff befindliche atomar gelöste Wasserstoff befindet sich nach dem Absorptionsvorgang auf interstitiellen Tetraederplätzen des Metallgitters und unterliegt nun den Vorgängen der Diffusion. Zusätzlich wird in dem in dieser Arbeit herangezogenen erweiterter Diffusionsmodell der sogenannte „trapping"-Effekt berücksichtigt, der die Immobilisation von Wasserstoff an Haftstellen beschreibt. Es ist im Rahmen des in dieser Arbeit vorgestellten Modells simulierbar, daß die zeitlich abhängige Wasserstoffexposition der Probe bei einer niedrigen Abzugsgeschwindigkeit zu einem Sättigungseffekt führt, bei dem sich die Wasserstoffkonzentration im Werkstoff der Sättigungskonzentration annähert. Umgekehrt führt eine niedrige Expositionsdauer, d.h. eine hohe Abzugsgeschwindigkeit, zu einem stark instationär ablaufenden Diffusions- und Schädigungsvorgang. Hierbei treten starke Konzentrationsgradienten auf, die eine Materialdegradation nur in einer lokalen Zone auslösen und das restliche Material nicht schädigen. Somit erstreckt sich der Vorgang, der der niedrigen Abzugsgeschwindigkeit zugrunde liegt, auf die Beeinflussung eines großen Umfangs der Struktur, wohingegen der andere, aus einer hohen Abzugsgeschwindigkeit resultierend, ein stark lokalisiertes Phänomen beschreibt. Diesem Sachverhalt folgend wird der unterschiedliche Umfang des Abfalls des Rißwiderstandes bei unterschiedlichen Abzugsgeschwindigkeiten erklärbar. Dieser Zusammenhang wird durch die hier herangezogenen Modellvorstellungen HELP und HEDE modellierbar. Aufgrund der bis zum heutigen Tage andauernden kontroversen Diskussionen über die physikalisch-chemischen Hintergründe der Materialschädigung infolge Wasserstoff sind besonders Untersuchungen interessant, die den Einfluß verschiedener Modelle und deren Einflußparameter klären sowie den Kopplungsmechanismus beschreiben. Dies wird in den folgenden Abschnitten diskutiert.

5.2 Darstellung der einzelnen Teilgebiete

Wasserstoffinduzierte Spannungsrißkorrosion beschreibt die Interaktion zwischen einem durch den Werkstoff propagierenden Medium und den hierdurch beeinflußten Materialeigenschaften unter mechanischer Belastung. Neben dem Ziel, die experimentellen R-Kurven und somit das Rißwachstum mit diesem Modell zu simulieren, s. Abb. 5.2, stellt eine Untersuchung und Analyse der einzelnen Teilgebiete einen wesentlichen Bestandteil dieser Arbeit dar. Zunächst wird die ablaufende Chemisorption erläutert, s. Abschnitt 5.2.1, und der bestehende direkte Einfluß auf die Rißinitiierung. Danach folgt die Beschreibung der hier zum Einsatz kommenden erweiterten Diffusion, s. Abschnitt 5.2.2, mit einer Analyse der mechanischen Kopplungen. Anschließend wird die Deformation, s. Abschnitt 5.2.3, dargestellt und die in diesem Zusammenhang ausschlaggebenden Einflüsse aus der Wasserstoffdiffusion. Zuletzt wird das Rißwachstum, s. Abschnitt 5.2.4, beschrieben, wobei hier ebenfalls eine Analyse des Wasserstoffeinflusses insbesondere auf die Rißwachstumsgeschwindigkeit vorgenommen wird. Darüberhinaus wird jeweils die Bedeutung der hier eingebrachten Modelle für die Simulation der wasserstoffinduzierten Spannungsrißkorrosion diskutiert. Die Simulationen wurden daher mit entsprechenden Annahmen erneut durchgeführt. Es wurde untersucht, inwieweit die Annahme einer von der Zeit unabhängigen Wasserstoffkonzentration als Randbedingung eine zum Chemisorptionsmodell äquivalente Lösung sein könnte. Es wurde im Rahmen der Diffusion ein Vergleich mit einer konventionellen Diffusionsgleichung nach Fick hinsichtlich der tatsächlichen Relevanz der mechanischen Kopplungsfaktoren durchgeführt. Anschließend wurde die Frage diskutiert, welche genauen Beiträge die Modelle HELP sowie HEDE zur Herabsetzung des Rißwiderstandes beisteuern. Anhand dieser Auswertung ist es möglich festzustellen, welche Wechselwirkungen und Mechanismen als besonders bedeutsam im Rahmen der Simulation der wasserstoffinduzierten Spannungsrißkorrosion anzusehen sind und von welchen Faktoren dies abhängt.

5.2.1 Oberflächenkinetik

Der Chemisorptionsvorgang ist neben der Diffusion der zweite zeitabhängige Prozeß. Er findet unabhängig von der im Werkstoff ablaufenden Diffusion statt und gehorcht ausschließlich der Phänomenologie der Oberflächenkinetik. Infolge der an der Rißfront absorbierten Konzentration von Wasserstoff aus dem korrosiven Umgebungsmedium wird eine lokale Materialdegradation hervorgerufen. Der Diffusionsprozeß, der die durch den in Lösung gegangenen Wasserstoff verursachten Schädigungsprozesse in Richtung der rißentfernten Bereiche transportiert, ist als ein nachgelagerter zeitabhängiger Vorgang anzusehen. Damit wird durch das Chemisorptionsmodell das bei Rißinitiierung vorhandene Maß der Materialschädigung größtenteils vorgegeben. Darüberhinaus wird der insgesamt in den Werkstoff übertretende Wasserstoff durch dieses Modell berechnet, die hierbei als Ergebnis vorliegende Konzentration des Wasserstoffs wird als Randbedingung für die Diffusion formuliert.

5.2.1.1 Darstellung der ablaufenden Chemisorption

Die Absorption des Wasserstoffs erfolgt an der Rißspitze bzw. -front und gehorcht dem Chemisorptionsmodell aus Gl. (2.1.18). Daraus folgt der zeitliche Aufbau der Wasserstoffkonzentration C_L gemäß der Kurve in Abb. 5.3. Die Durchbruchszeit des Wasserstoffs beträgt hier $t_L = 47,2\,h$. Der Sättigungswert $C_\infty = 3,744 \cdot 10^{-7}\,mol/cm^3$ wird nach der Zeit $t_\infty = 205\,h$ erreicht. Die Materialdegradation beginnt erst nach dem Zeitpunkt $t = 500\,s$ (Erstmaliger Anstieg der Wasserstoffkonzentration) und erreicht ihr Maximum bei t_∞. Das zeitabhängige Verlaufsprofil wird überwiegend durch die Definition des Diffusionskoeffizienten D_{sor} der Deckschicht definiert, der hier den Wert $D_{sor} = 1,2 \cdot 10^{-8}\,cm^2/s$ erhielt.

In [Juilfs, 2001] ist eine Durchbruchszeit von $t_L = 19,1\,h$ aus dem Diagramm der Permeationsstromdichte für die Probe unter plastischer Deformation ohne Deckschicht-

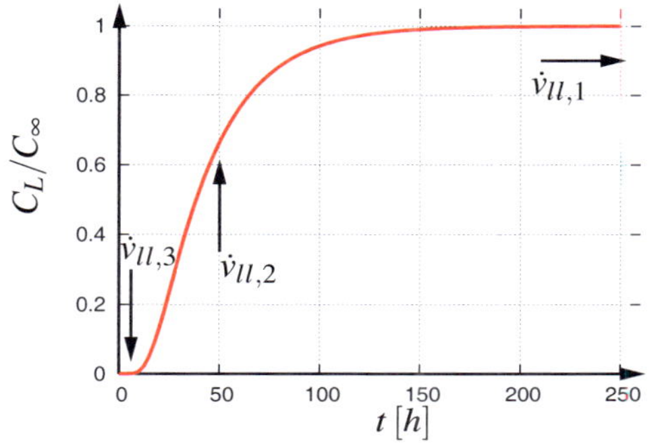

Abbildung 5.3: Zeitlicher Verlauf der Wasserstoffkonzentration infolge Chemisorption, Zeitpunkte der Rißinitiierung für $\dot{v}_{II,1}$, $\dot{v}_{II,2}$, $\dot{v}_{II,3}$, $C_\infty = 3,744 \cdot 10^{-7}\ mol/cm^3$

einfluß abzulesen. Weiterhin wird an gleicher Stelle berichtet, daß unter Berücksichtigung einer Deckschicht die Durchbruchszeit t_L um den Faktor 2,7 zunahm, so daß der hier zugrunde liegende Wert den experimentellen Beobachtungen näherungsweise entspricht. Hinsichtlich des Sättigungswertes C_∞ untersuchten [Luppo and Ovejero-Garcia, 1991] niedriggekohlte Stähle und konnten durch experimentelle Untersuchungen einen Wert von $C_\infty = 3,66 \cdot 10^{-3}\ cm^3/cm^3 = 3,26 \cdot 10^{-7}\ mol/cm^3$ nachweisen, welcher näherungsweise dem zuvor genannten Wert entspricht. Die Konzentration des absorbierten Wasserstoffs bei Rißinitiierung verursacht die zu diesem Zeitpunkt auftretende Rißspitzenverschiebung. In Abb. 5.3 ist die absorbierte Wasserstoffkonzentration aufgetragen, die verschiedenen Zeitpunkte der Rißinitiierung bei den verschiedenen Abzugsgeschwindigkeiten $\dot{v}_{II,1}$, $\dot{v}_{II,2}$, $\dot{v}_{II,3}$ sind durch Pfeile gekennzeichnet. Die durch Absorption vorhandenen Wasserstoffkonzentrationen bei Rißinitiierung unter den verschiedenen Abzugsgeschwindigkeiten sind in Tab. 5.2 genannt. Es ist zu erkennen, daß bei der geringsten Abzugsgeschwindigkeit

Abzugsgeschwindigkeit	**Zeitpunkt Rißinitiierung**	**Absorbierter Wasserstoff**
$[\mu m/s]$	$[h]$	$[mol/cm^3]$
$100,0$	$6,10$	$1,75 \cdot 10^{-10}$
$10,0$	$50,00$	$2,48 \cdot 10^{-7}$
$1,0$	$384,72$	$3,744 \cdot 10^{-7}$

Tabelle 5.2: Wasserstoffkonzentrationen bei Rißinitiierung

auch die höchste Wasserstoffkonzentration an der Rißspitze herrscht. Dadurch erfolgt bei Rißinitiierung in diesem Falle auch die geringste Rißspitzenverschiebung, da die daraus resultierende Materialschädigung maximal ist. Bei der höchsten Abzugsgeschwindigkeit wurde die geringste Wasserstoffkonzentration appliziert - dadurch ist die damit verbundene Materialschädigung geringer und die Rißspitzenverschiebung höher. Korreliert man diese an der Rißspitze applizierten Werte mit den dadurch verursachten Degradationseffekten, ergibt sich folgendes Gesamtbild, s. Tab. 5.3. Während die Verminderung der Kohäsivfestigkeit mit sinkender Abzugsgeschwindigkeit erwartungsgemäß zunimmt, verbleibt die Verminderung der Fließgrenze auf einem konstanten Wert. Letzteres kann durch den Einfluß des zusätzlich zur Wirkung kommenden Haftstellenwasserstoffs erklärt werden, der für die Verminderung der Fließgrenze berücksichtigt werden muß. Aufgrund der Gleichgewichtsbeziehung aus Gl. (2.2.8), die aufgrund der hohen Haftstellenbindungsenthalpie von $\Delta H_B = -60,0\,kJ/mol$ den Gleichgewichtspunkt deutlich auf die Seite der Haftstellen verschiebt, ist bei Anwesenheit von Gitterwasserstoff mit einer darauf folgenden nahezu vollständigen Besetzung der Haftstellen zu rechnen. Zusammen mit der auftretenden hohen plastischen Deformation an der Rißspitze führt der geschilderte homogene Zustand zu einer gleichbleibenden Herabsetzung der Fließgrenze. Erst in weiterer Entfernung von der Rißspitze ist mit einer diesbezüglichen Abnahme des Wertes zu rechnen.

Abzugsgeschwindigkeit	**Verminderung**	
	Kohäsivfestigkeit	**Fließgrenze**
$[\mu m/s]$	$[\%]$	$[\%]$
100,0	≈ 0	8,0
10,0	4,0	8,0
1,0	36,0	8,0

Tabelle 5.3: Auftretende Schädigung bei Rißinitiierung

Ein interessanter Aspekt der Anwendung des Chemisorptionsmodells besteht in der hierin enthaltenen Auswertung eines Permeationsversuchs. Diese Beschreibung gestattet die experimentelle Analyse und Bestimmung der Parameter aus Permeationsstromdichtekurven, die für die Modellierung der Randbedingung notwendig sind. Damit wird eine ansonsten notwendige indirekte Anpassung der Parameter an sekundäre Versuchsdaten, wie beispielsweise R-Kurven, überflüssig. Darüberhinaus dienen diese Parameter der Charakterisierung des Werkstoffs und seiner Oberflächenkinetik. Es kann aus diesen Auswertungen beispielsweise gefolgert werden, welche Werkstoffe beispielsweise zur Passivierung neigen und damit über die Bildung von Deckschichten eine veränderte Löslichkeit aufweisen.

5.2.1.2 Vergleich mit einer Simulation ohne Berücksichtigung der Oberflächenkinetik

Ohne den Einbezug der expliziten Modellierung der Oberflächenkinetik geht man von folgender Annahme aus. Dem Sievert'schen Gesetz Gl. (2.1.9) folgend, besteht die im Werkstoff an der Rißspitze bzw. an der Rißfront anzunehmende Randbedingung aus der Gleichgewichtskonzentration. Diese Randbedingung wird in voller Höhe ab Beginn der Simulation appliziert. Damit wird unter Anbetracht der hier verwendeten Schädigungsmechanismen auch das volle Schädigungsausmaß an der Rißspitze durch die HEDE-Modellannahme aufgebracht, da hier die Kohäsivfestigkeit um den maximalen Betrag herabgesetzt wird. Auch für den HELP-Mechanismus hat diese Annahme die Folge, daß diese in voller Höhe aufgebrachte Randbedingung zu einer schnellen Sättigung des restlichen materiellen Volumens führt. Daher wird auch im HELP-Modell das maximale Degradationsausmaß in kurzer Zeit herbeigeführt. Ergebnisse der Simulationen zur

Untersuchung der Auswirkung dieser Annahme auf den Rißwiderstand sind in Abb. 5.4 in Form von R-Kurven dargestellt. Als signifikanteste Auswirkung ist hier ein bei allen

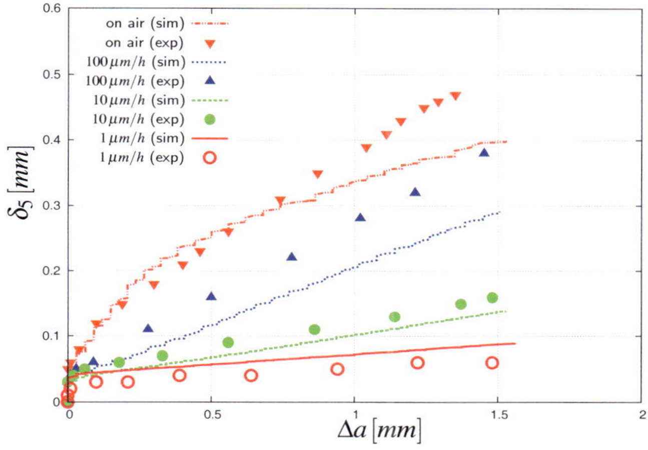

Abbildung 5.4: Simulation ohne Einbezug der Oberflächenkinetik

Abzugsgeschwindkeiten identischer Wert der Rißspitzenverschiebung δ_5 bei Rißinitiierung $\Delta a = 0\,mm$ anzusehen. Dies folgt zwangsläufig aus den zuvor geschilderten Sachverhalten. Darüberhinaus ist durch den Abfall der R-Kurven für die zwei höchsten Abzugsgeschwindigkeiten erkennbar, daß hier in der Tat ein zu hohes Schädigungsausmaß modelliert wird. Die R-Kurve der niedrigsten Abzugsgeschwindigkeit weist hingegen einen höheren Rißwiderstand auf, was zunächst verwirrend erscheint, jedoch aus folgendem Sachverhalt folgt: Die ab dem Zeitpunkt $t = 0$ angenommene Maximalkonzentration führt bei der niedrigsten Abzugsgeschwindigkeit zu einer umfangreichen Ausbreitung von Wasserstoff innerhalb der Struktur, da für diesen Diffusionsvorgang genügend Zeit zur Verfügung steht. Eine damit verbundene Herabsetzung der Fließspannung, die ebenfalls im überwiegenden Teil der Struktur stattfindet, führt damit zum Übergang des lokal begrenzten Entfestigungsbereichs in einen globalen Entfestigungsbereich, der sich fast auf die gesamte Struktur erstreckt. Daher verhält sich diese Struktur duktiler und spiegelt demzufolge unter dieser Annahme nicht die tatsächlich stattfinden Vorgänge wieder, die eine Versprödung und damit einen Duktilitätsabfall beschreiben.

Angesichts dieser Erkenntnisse ist es plausibel, anzunehmen, daß die Vorgänge an der Werkstoffoberfläche von entscheidender Bedeutung für die wasserstoffinduzierte Spannungsrißkorrosion sind. Dieser Sachverhalt wurde zusätzlich an dem hier diskutierten Werkstoff von [Juilfs, 2001] festgestellt, der von einer Verminderung des effektiven Diffusionskoeffizienten und des Permeationsstroms um mehr als 50 % infolge Deck- und Passivschichten berichtete.

5.2.2 Diffusion

Die zeitabhängige Verteilung des gelösten Wasserstoffs im Werkstoff wird durch die erweiterte Diffusionsgleichung, s. Gl. (2.2.28), bestimmt. Als Randbedingung fungiert die zuvor durch das Chemisorptionsmodell bereitgestellte Konzentration des an der Rißspitze gelösten Wasserstoffs. Da diese Randbedingung den einzigen Ort darstellt, an dem der Wasserstoff in die Probe gelangt, breitet sich das entstehende zeitabhängige Konzentrationsfeld von der Rißspitze ausgehend in die restliche Struktur aus. Aufgrund der an der Rißspitze vorhandenen hohen plastischen Deformationen im Zusammenspiel mit einer Konzentration von Spannungen treten infolge der in der erweiterten Diffusionsgleichung enthaltenen mechanischen Terme spezielle Effekte hervor, die folgend diskutiert werden.

5.2.2.1 Darstellung der Wasserstoffverteilung und Einfluß der hydrostatischen Spannung

In Abb. 5.5 wird die Wasserstoffverteilung entlang des Rißligamentes für verschiedene Zeitpunkte $t_1 < t_2 < t_3$ der Abzugsgeschwindigkeit $\dot{v}_{II,3} = 100\,\mu m/h$ dargestellt, die Abb. 5.6, 5.7, 5.8 enthalten die dazugehörigen Contour-Plots. Auffällig bei der Diffusionsverteilung infolge der erweiterten Diffusion ist das auftretende zweite Maximum, das auf den Einfluß des Druckgradienten zurückzuführen ist. Bei Rißfortschritt bewegt sich das erste Maximum mit der Rißspitze mit und führt daher bei den verschiedenen Zeitpunkten t_1, t_2 und t_3 zu einer Versetzung des Maximums zu den entsprechenden x-Werten (Ort der momentanen Rißspitze). Das darauffolgende zweite Maximum charakterisiert das Einsetzen des Wasserstofftransportes in Gitterbereiche, die durch einen hydrostatischen Spannungszustand aufgeweitet wurden und somit eine höhere Löslichkeit aufweisen. Dieses Phänomen wird durch einen zusätzlichen Ausdruck im Transportterm der Diffusionsgleichung beschrieben, der den hydrostatischen Druck enthält. Neben dem „trapping", das in Abschnitt 5.2.2.2 diskutiert wird, handelt es sich bei dem hier beschriebenen Vorgang um einen maßgeblichen Effekt mechanischer Größen auf den Stofftransport von Wasserstoff in Stahl. Er tritt insbesondere genau dann stark hervor, wenn die vom Werkstoff ertragbaren Spannungen noch hinreichend groß sind, d.h. eine Materialdegradation erst im geringeren Umfang vorhanden ist. Dies ist bei höheren Abzugsgeschwindigkeiten zu erwarten. Bei niedrigen Abzugsgeschwindigkeiten kann durch die fortgeschrittene Materialdegradation ein erforderlicher Wert der hydrostatischen Spannung zur Generierung des Transports in diese Bereiche nicht erreicht werden. Darüberhinaus verläuft das Rißwachstum zunehmend deformationsärmer, so daß der Ort des Anstiegs der hydrostatischen Spannung immer näher an der Rißspitze zu finden und somit nicht mehr einzeln nachweisbar ist.

5.2.2.2 Einfluß des „trappings"

Das sogenannte „trapping" bezeichnet die Immobilisierung von Wasserstoff an Materialfehlstellen. Bei diesem Vorgang wird der frei bewegliche Gitterwasserstoff an Haftstellen gebunden, die beispielsweise als Versetzungen oder Korngrenzen in Erscheinung treten und als Störstellen fungieren.

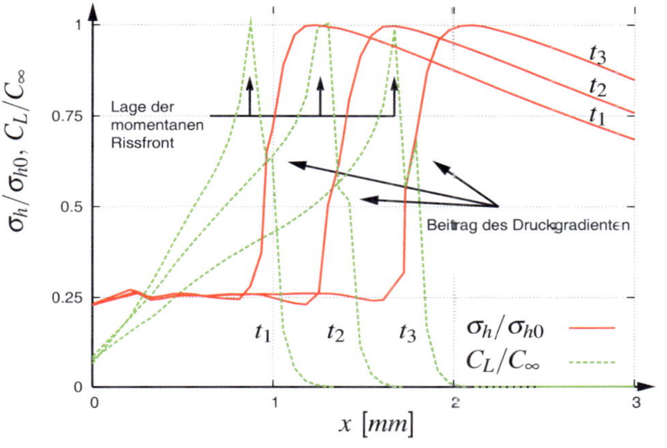

Abbildung 5.5: Verteilung C_L und σ_h entlang des Ligamentes zu verschiedenen Zeitpunkten, $C_\infty = 3,744 \cdot 10^{-7}\ mol/cm^3$, $\sigma_{h0} = 1910\ N/mm^2$

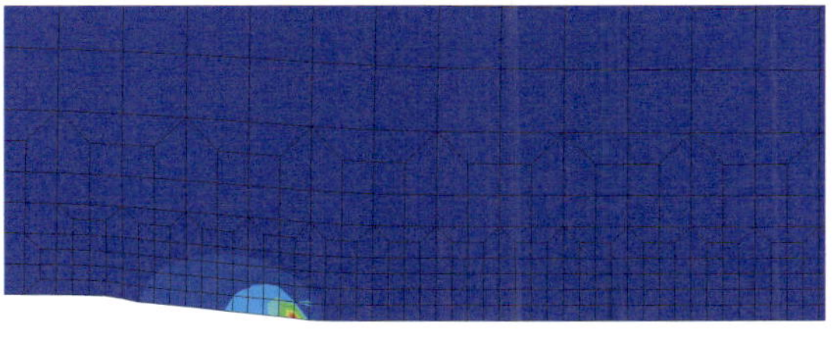

Abbildung 5.6: Verteilung C_L zum Zeitpunkt t_1

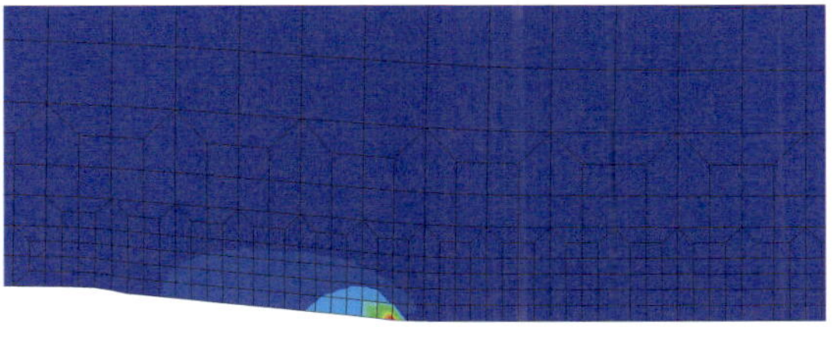

Abbildung 5.7: Verteilung C_L zum Zeitpunkt t_2

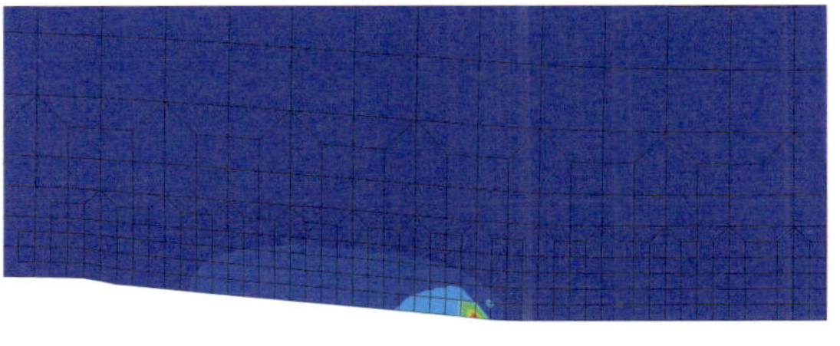

Abbildung 5.8: Verteilung C_L zum Zeitpunkt t_3

Abzug von Gitterwasserstoff aus der Diffusion In Abb. 5.9 sind für verschiedene Zeitpunkte $t_1 < t_2 < t_3$ die Gitterwasserstoffkonzentration C_L und die Haftstellenwasserstoffkonzentration C_T dargestellt. Die Maximalkonzentration des Wasserstoffs in Haftstellen beträgt $C_{T,max} = 1,16 \cdot 10^{-9}\ mol/cm^3$ und ist damit etwa zwei Größenordnungen kleiner als die Maximalkonzentration des Gitterwasserstoffs. Durch diesen zusätzlich eingelagerten Wasserstoff ist erklärbar, daß die durch plastische Deformationen generierten Haftstellen die Löslichkeit des Werkstoffs gegenüber atomarem Wasserstoff heraufsetzen können. Während die Konzentration des Wasserstoffs in Gitterstellen eine Verteilung aufweist, die dem typischen Verlauf einer konventionellen Diffusionsbeschreibung ähnelt, weist die Konzentration des Wasserstoffs in Haftstellen eine andere Verteilung auf. Am Beginn der Kurvenschar bei $x = 0,3\ mm$ befindet sich ein Maximum, das auf die starke plastische Deformation vor der Rißinitiierung zurückzuführen ist. Im weiteren Verlauf der Kurvenschar ist im Gegensatz zu den Kurven der Gitterwasserstoffkonzentration kein Abklingen des Haftstellenwasserstoffs bei Rißfortschritt zu erkennen, was dadurch begründet wird, daß der Wasserstoff an den Haftstellen immobilisiert ist und daher an Transportprozessen nicht mehr teilnimmt. Zusätzlich fällt auf, daß der Sättigungswert recht schnell erreicht wird, nämlich sobald die Gitterwasserstoffkonzentration bei etwa $x = 0,8\ mm$ die Sättigungskonzentration erreicht. Dies wird durch den hohen Wert der Haftstellenbindungsenthalpie von $\Delta H_B = -60,0\ kJ/mol$ begründet. Dieser sorgt durch die starke Verschiebung des Gleichgewichtspunktes aus Gl. (2.2.5) für eine sofortige und nahezu vollständige Besetzung der Haftstellen bei vorhandenem Gitterwasserstoff.

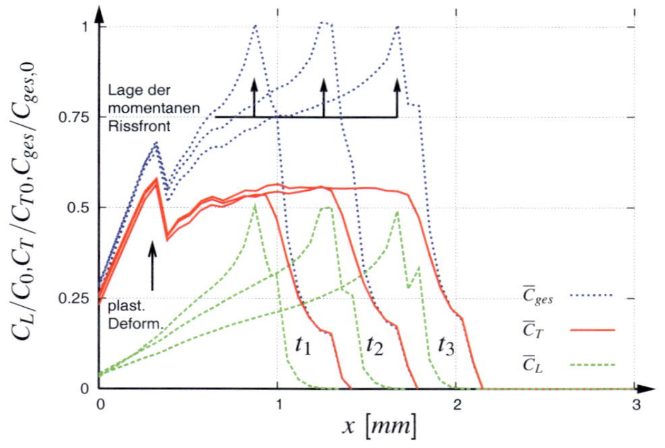

Abbildung 5.9: Verteilung $\overline{C}_L = C_L/C_0$, $\overline{C}_T = C_T/C_{T0}$ und $\overline{C}_{ges} = C_{ges}/C_{ges,0}$ entlang des Ligamentes zu verschiedenen Zeitpunkten, $C_0 = 2,35 \cdot 10^{-6}\ mol/cm^3$, $C_{T0} = 5,0 \cdot 10^{-8}\ mol/cm^3$

Korrelation zwischen C_T und ε_p. Die Definition der Haftstellendichte N_T ist ein materialspezifischer Zusammenhang, der für jeden Werkstoff nachzuweisen ist. Vergleicht man beispielsweise das in dieser Arbeit zur Anwendung gekommene Haftstellendichtegesetz mit dem oftmals von [Sofronis and McMeeking, 1989], basierend auf einem Fit der Versuchsdaten von [Kumnick and Johnson, 1980] für α-Fe, angewendeten Ausdruck, s. Gl. (5.2.1),

$$\log N_T = 23,26 - 2,33 \cdot e^{-5,5\varepsilon_p} \tag{5.2.1}$$

so erkennt man, daß in der letzteren Untersuchung eine deutlich niedriger verlaufende Haftstellendichte modelliert wurde, s. Abb. 5.10. Für die vorliegende Arbeit wurde die für den hier untersuchten Werkstoff zu formulierende Haftstellendichte direkt aus den von der plastischen Deformation abhängigen effektiven Diffusionskoeffizienten, s. Abb. 3.7, bestimmt [Juilfs, 2001]. Infolge der Definition der Konzentration des Haftstellenwasserstoffs C_T, s. Gl.

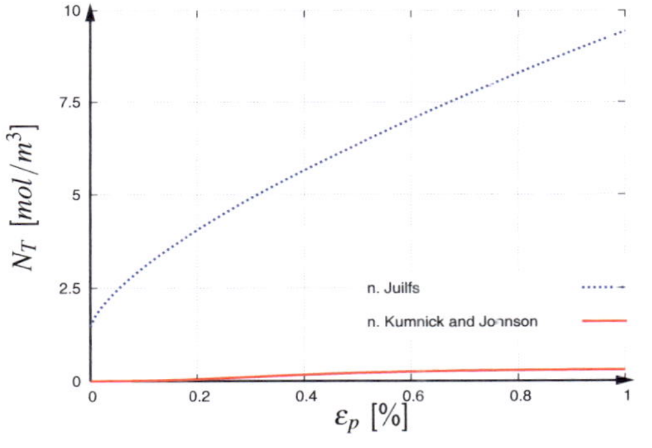

Abbildung 5.10: Vergleich der Haftstellendichte nach [Kumnick and Johnson, 1980] mit [Juilfs, 2001]

(2.2.2), besteht eine direkte Proportionalität zur Haftstellendichte N_T, s. Gl. (2.2.4). Diese Proportionalität ist in Abb. 5.11 zu erkennen. Hier kommt am stärksten die Bedeutung des Haftstellenwasserstoffs zum Ausdruck. Ganz im Gegenteil zum frei beweglichen Gitterwasserstoff akkumuliert der Haftstellenwasserstoff in Zonen hoher plastischer Deformation, die eine hohe Materialfehlstellendichte aufweisen. Daraus folgt, daß insbesondere dort ein starkes „trapping“ stattfindet und somit ein hoher Anteil des Gitterwasserstoffs in Haftstellen „verloren“ geht. Neben diesem Einfluß auf den Diffusionsprozeß führt die Ansammlung von Haftstellenwasserstoff zu einer dortigen Degradation des Werkstoffs, die sich auf die Verminderung der Fließgrenze beschränkt (HELP). Die Kohäsivfestigkeit (HEDE) wird gemäß der Modellannahme ausschließlich vom Gitterwasserstoff geschädigt und bleibt durch den Anteil des Haftstellenwasserstoffs unbeeinflußt.

5.2.2.3 Vergleich mit einer konventionellen Diffusionsgleichung nach Fick

Die in dieser Arbeit verwendete erweiterte Diffusionsgleichung enthält mechanische Terme, die den Einfluß des hydrostatischen Druckes, der plastischen Deformation und der Deforma-

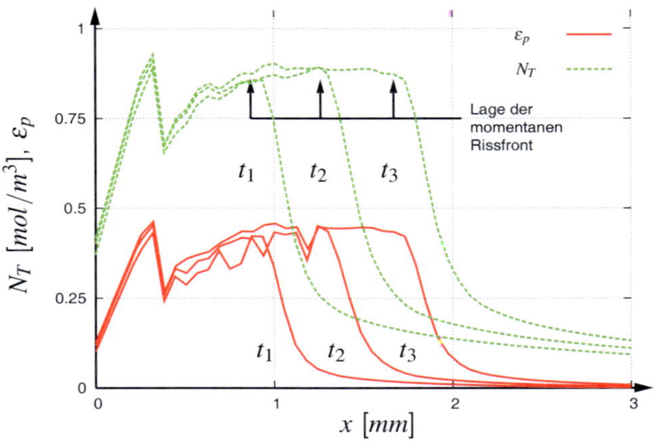

Abbildung 5.11: Verteilung ε_p und N_T entlang des Ligamentes zu verschiedenen Zeitpunkten

tionsrate abbilden. Zusätzlich wurde im Rahmen dieser erweiterten Formulierung zwischen Wasserstoff in Gitterstellen und Haftstellen unterschieden, um das sogenannte „trapping" abzubilden. Diese Vorstellungen gehen auf folgende Feststellungen zurück. Durch die Verrichtung von mechanischer Arbeit entsteht im chemischen Potential der betrachteten Phase ein zusätzlicher Enthalpieterm, der die durch eine elastische Gitteraufweitung gespeicherte Energie abbildet. Aus dieser Größe leitet sich der Druckgradient der erweiterten Diffusionsgleichung her. Materialinhomogenitäten fungieren als Störpotentiale innerhalb des Metallgitters und binden atomaren Wasserstoff. Die Proportionalität zwischen plastischen Deformationsprozessen und entstehenden Materialfehlstellen schlägt sich ebenfalls in der erweiterten Diffusionsgleichung im Rahmen der Formulierung der Haftstellendichte nieder. Ohne Einbezug dieser Erkenntnisse schließt man jegliche mechanische Interaktion mit dem Stofftransport aus, der jedoch durch experimentelle Beobachtungen nachweisbar ist. Die Auswirkungen der Annahme einer völlig von mechanischen Einflüssen entkoppelten Diffusion ist in Abb. 5.12 zu finden. Es ist zu erkennen, daß mittels des Modells der erweiterten Diffusion eine stärkere Schädigung modelliert wird. Mit zunehmender Zeit eilt die Rißspitze des erweiterten Modells die der Fick'schen Diffusion immer stärker voraus. Dies beschreibt ein beschleunigtes Rißwachstum. Zusätzlich ist zu erkennen, daß das zweite Maximum, das bei der erweiterten Diffusion aufgrund des Beitrags des Druckgradienten auftritt, in den Kurven des Fick'schen Modells nicht zu erkennen ist. In Anbetracht der aus dieser Simulation folgenden R-Kurven, s. Abb. 5.13 ist die durch die erweiterte Diffusion stärker hervortretende Materialschädigung erkennbar. Die Berücksichtigung der auf die Diffusion wirkenden mechanischen Vorgänge findet im Rahmen dieser Ergebnisse ihre Rechtfertigung. Abgesehen von den Nachweisen, die den Einbezug der Haftstellen sowie der darüberhinaus gehenden Auswirkungen von elastischen Gitteraufweitungen im Rahmen einer umfassenden Modellierung erfordern, zeigt die Feststellung eines verstärkten Abfalls des Rißwiderstandes

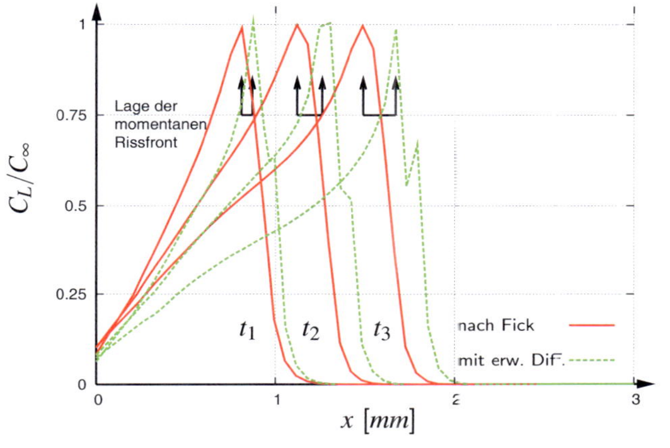

Abbildung 5.12: Verteilung C_L entlang des Ligamentes gerechnet nach Fick und mit erw. Diffusion

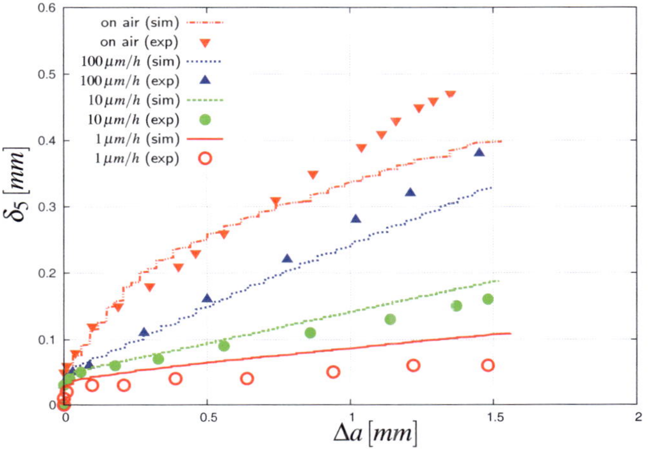

Abbildung 5.13: Simulation ohne Einbezug der erweiterten Diffusion

bei Verwendung des erweiterten Diffusionsmodells, daß mit der alternativen konventionellen Diffusionsbeschreibung die Schädigungswirkung des Wasserstoffs unterschätzt würde.

5.2.3 Deformation

Die auftretende Deformation wird einerseits durch Entfestigungsvorgänge, hervorgerufen durch den Wasserstoff, beeinflußt. Eine direkte Beeinflussung der lokalen Fließgrenze findet statt, welche die Vorstellung wiedergibt, daß atomarer Wasserstoff die Mobilität von Versetzungen erhöht (HELP). Das Konzentrationsfeld definiert damit den Wirkungsbereich der wasserstoffinduzierten Entfestigung und breitet sich von der Rißspitze ausgehend in den übrigen Teil der Struktur aus. Sowohl der Haftstellen- als auch der Gitterwasserstoff sind zu berücksichtigen, so daß in Zonen hoher plastischer Deformation, verbunden mit einer hohen Haftstellendichte, in denen zusätzlich ein hoher Gehalt an Gitterwasserstoff in Lösung gegangen ist, eine besonders starke Entfestigung zu erwarten ist. Dieses auffällige Hervortreten der Materialdegradation infolge HELP ist daher insbesondere an Rißspitzen vorzufinden.

Simultan zu dem dargestellten Degradationsmechanismus, der infolge HELP wirksam wird, finden andererseits Schädigungsvorgänge statt, die aus der Herabsetzung der Kohäsivfestigkeit bestehen (HEDE). Diese Schädigungsvorgänge treten ebenfalls besonders stark an der Rißspitze hervor und führen zu einem bei bereits niedrigeren Ligamentspannungen eintretenden Rißfortschritt. Bei der Auswertung der Deformation ist also eine Interaktion der beiden Degradationsmechanismen zu berücksichtigen.

5.2.3.1 Darstellung der Deformation

Die auftretende plastische Deformation ist jeweils nach einem Rißfortschritt von $\Delta a = 1,5\ mm$ in der Abb. 5.14(a) ohne Wasserstoffeinfluß und in Abb. 5.14(b) mit Wasserstoffeinfluß dargestellt. Im Vergleich läßt sich deutlich erkennen, daß die bei einem Modell

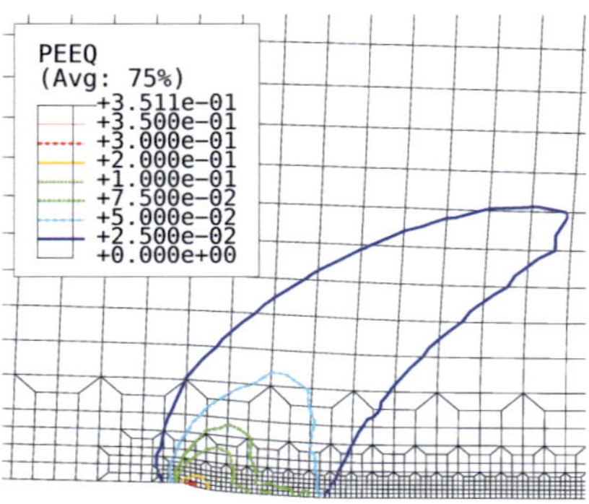

(a) ohne Wasserstoffeinfluß

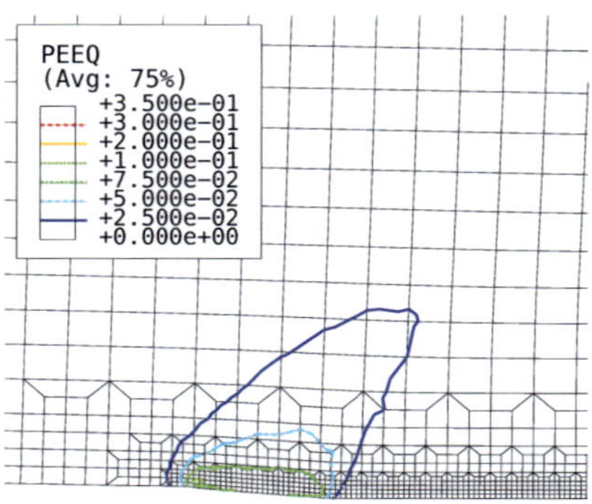

(b) mit Wasserstoffeinfluß

Abbildung 5.14: Plastische Zone nach einem Rißfortschritt von $\Delta a = 1,5\ mm$

ohne Wasserstoffdiffusion auftretende plastische Deformation einen deutlich höheren Betrag erreicht als bei einem Modell, das den Entfestigungs- und Schädigungsvorgängen durch den Wasserstoff unterworfen ist. Während das nicht degradierte Modell hier Beträge um $\varepsilon_{p,max} \approx 35\ \%$ erreicht, führt die durch den Wasserstoff eintretende Versprödung zu einem Abfall auf $\varepsilon_{p,max} \approx 15\ \%$. Das Vermögen des Werkstoffs, plastisch zu fließen, nimmt daher in diesem Falle um ca. $60\ \%$ ab. An dieser Stelle zeigt sich, daß die wasserstoffinduzierte Entfestigung, die separat angewendet zu einer Zunahme der plastischen Deformation führen würde, hier eine untergeordnete Rolle spielt. Die Schädigungsvorgänge infolge der Verminderung der Kohäsivfestigkeit dominieren die Deformationsvorgänge an der Rißspitze und führen zu einer Duktilitätsabnahme. Zusätzlich nimmt die Ausdehnung der plastischen Zone ebenfalls ab. Bezüglich der tatsächlich infolge wasserstoffinduzierter Spannungsrißkorrosion zu beobachtenden Versprödung des Werkstoffs ist ein mit diesem Zusammenhang verbundener verformungsarmer Bruch durch diese Modellvorstellung zu erklären.

5.2.3.2 Erscheinungsform der wasserstoffinduzierten Entfestigung

Betrachtet man die plastische Deformation in Abb. 5.15(a) im Vergleich mit den Abb. 5.15(c) (Haftstellenwasserstoffkonzentration) und 5.15(b) (Gitterwasserstoffkonzentration), so sind folgende Schußfolgerungen möglich.

- Mögliche Einlagerungsorte (Haftstellen) befinden sich gehäuft in Bereichen mit vorhandener plastischer Deformation, s. Abb. 5.15(a).
- Es werden allerdings nur die Einlagerungsorte besetzt, die im Kontakt mit Gitterwasserstoff stehen, s. Abb. 5.15(b).
- Das entstehende Konzentrationsfeld des Haftstellenwasserstoffs besteht damit aus der Überlagerung des Feldes der Haftstellendichte ($\sim$ plastischer Deformation) mit dem Feld des Gitterwasserstoffs, s. Abb. 5.15(c).
- Der Vorgang des „trapping“ kann abhängig von der Höhe der Haftstellenbindungsenthalpie als „Auffüllung“ der möglichen Einlagerungsorte interpretiert werden.

Mit dem hohen Wert der Haftstellenbindungsenthalpie in diesem Modell, basierend auf den Annahmen von [Sofronis and McMeeking, 1989], ist ein nahezu vollständiger Füllungsgrad der vorhandenen Haftstellen verbunden [Krom et al., 1999a]. Somit läßt sich eindeutig auch der Bereich identifizieren, in dem das HELP-Modell besonders deutlich zum Tragen kommt. Im Gegensatz zum HEDE-Modell, welches ausschließlich dem Gitterwasserstoff einen Einfluß auf die Minderung der Kohäsivkräfte zuweist, ist im HELP-Modell ein Einfluß des Haftstellenwasserstoffs enthalten, s. Gl. (2.3.1). Damit können die Zonen plastischer Deformation eindeutig als „HELP“-Zonen identifiziert werden, in denen eine Materialdegradation durch Herabsetzung der Fließgrenze erfolgt – zusätzlich zu den Bereichen, die durch den Anteil des Gitterwasserstoffs infolge des HEDE-Mechanismus ebenfalls geschädigt werden. Im Rahmen des HELP-Mechanismus geht man davon aus, daß die Mobilität der Versetzungen durch die Anwesenheit von Wasserstoff entscheidend erhöht wird, so daß sich hierdurch eine Fließgrenzenverminderung ergibt. Der Betrag, um den die Fließgrenze vermindert wird,

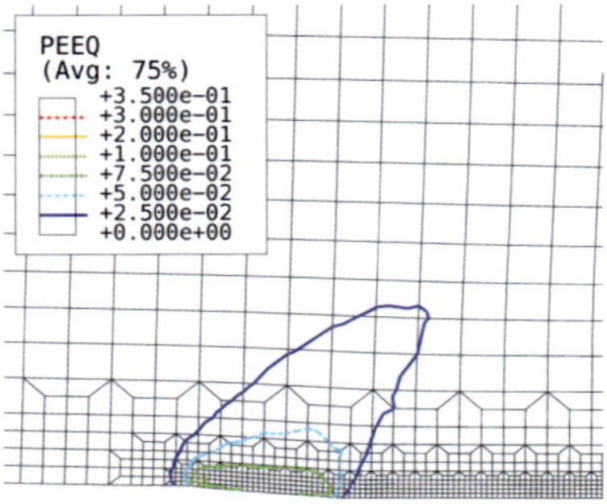

(a) Plastische Deformation

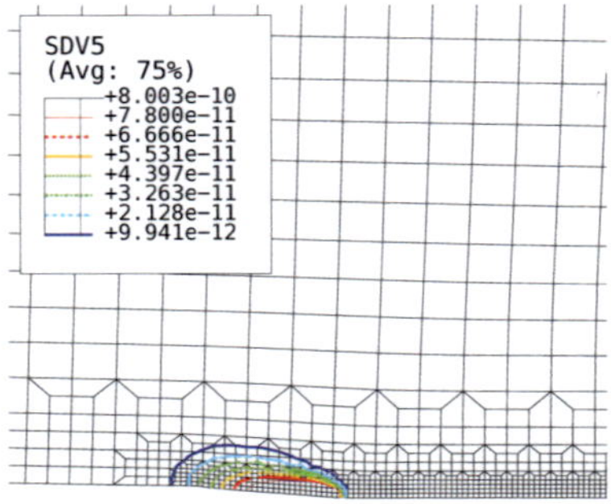

(b) Gitterwasserstoffkonzentration

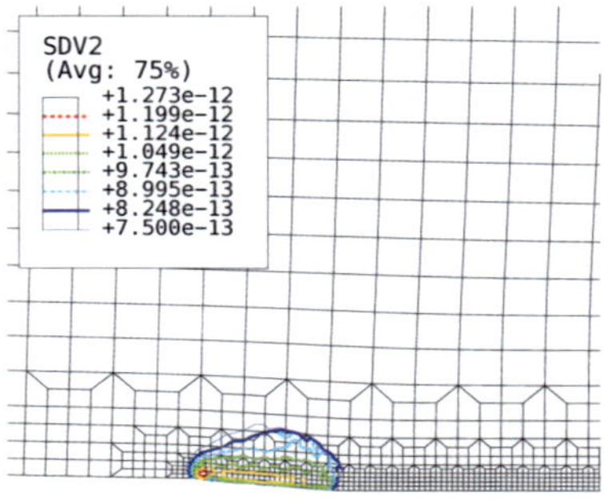

(c) Haftstellenwasserstoffkonzentration

Abbildung 5.15: Zusammensetzung des Konzentrationsfeldes für Haftstellenwasserstoff, Zeitpunkt t_4

kann für diese Bereiche ermittelt werden. Durch die nahezu vollständige Besetzung der Haftstellen findet eine Verminderung der Fließgrenze auf mindestens $\xi/2$, s. Gl. (2.3.1), statt. Abhängig von der weiteren Konzentration des Gitterwasserstoffs liegen die Werte im Intervall $\left[\xi/2 \leq \tilde{\xi} \leq \xi\right]$.

5.2.4 Rißwachstum

Das Rißwachstum wird durch Kohäsivzonenelemente modelliert. Einer der Kohäsivparameter, die Kohäsivfestigkeit σ_{c0}, wird durch die lokale Wasserstoffkonzentration herabgesetzt, s. Gl. (2.4.4). Dadurch wird zwangsläufig ebenfalls die Separationsenergie Γ vermindert, s. Gl. (2.4.3), was sich als Duktilitätsabnahme deuten läßt. Somit verläuft der Riß nicht nur verformungsärmer durch das Ligament, sondern auch beschleunigt im Vergleich zur Rißwachstumsgeschwindigkeit ohne Wasserstoffeinfluß.

5.2.4.1 Darstellung des Rißwachstums

In den Abb. 5.16(a) und 5.16(b) ist das Verschiebungsfeld in y-Richtung nach einem jeweiligen Rißfortschritt von $\Delta a = 1,5\ mm$ dargestellt. Die mit dem Wasserstoff verbundene Versprödung führt zu einem verformungsarmen Bruch in Abb. 5.16(a), trotz einer herabgesetzten Fließgrenze, s. Abschnitt 5.2.3.2 wohingegen in Abb. 5.16(b) ohne Wasserstoffeinfluß eine deutlich höhere Rißaufweitung zu beobachten ist. Die

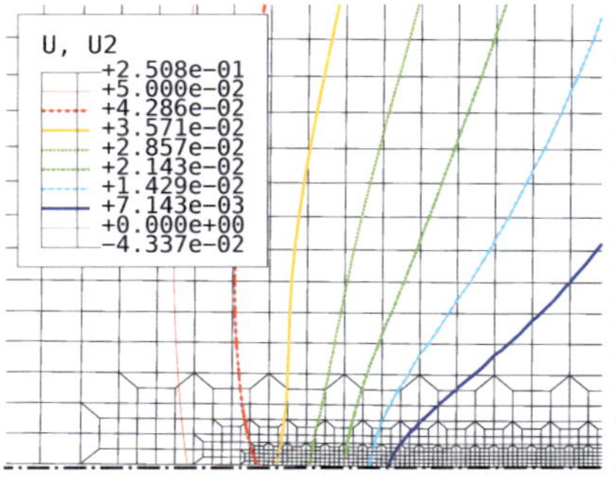

(a) unter Wasserstoffeinfluß

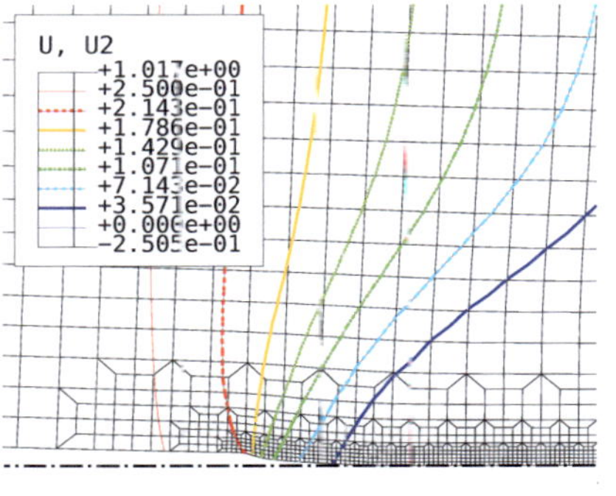

(b) ohne Wasserstoffeinfluß

Abbildung 5.16: Rißaufweitung nach einem Rißfortschritt von $\Delta a = 1,5\ mm$

Maximalkonzentration des Gitterwasserstoffs von $3,744 \cdot 10^{-7}\ mol/cm^3$ führt zu einer Herabsetzung der Kohäsivfestigkeit auf 64 % und damit ebenfalls zu einer Abnahme der Separationsenergie um dasselbe Verhältnis. Die Rißwachstumsgeschwindigkeit wird daher ebenfalls beeinflußt, s. Abb. 5.17, da die kritische Separation der Kohäsivelemente und damit das Versagenskriterium deutlich früher erreicht wird. Bei dieser Darstellung der Rißwachstumsgeschwindigkeiten für die jeweiligen Abzugsgeschwindigkeiten ist deutlich erkennbar, daß unter Wasserstoffeinwirkung eine zunehmende Beschleunigung des Rißwachstums eintritt. Darüberhinaus unterscheiden sich mit fallender Abzugsgeschwindigkeit die maximal erreichten Rißwachstumsgeschwindigkeiten. Während bei einer Abzugsgeschwindigkeit von $\dot{v}_{II,3} = 100\ \mu m/h$ keine Abweichung zwischen den Werten mit und ohne Wasserstoffeinwirkung zu erkennen ist, erreicht die Rißwachstumsgeschwindigkeit bei $\dot{v}_{II,2} = 10\ \mu m/h$ Werte von $7,4387 \cdot 10^{-6}\ mm/s$ ohne Wasserstoffeinwirkung und

$2,3482 \cdot 10^{-5}\ mm/s$ mit Wasserstoffeinwirkung, was eine Zunahme von $315\ \%$ ergibt. Des weiteren ist bei einer Abzugsgeschwindigkeit von $\dot{v}_{II,1} = 1\ \mu m/h$ eine Zunahme der Rißwachstumsgeschwindigkeit um $306\ \%$ von einem Wert von $1,5088 \cdot 10^{-6}\ mm/s$ ohne Wasserstoffeinwirkung auf $4,6239 \cdot 10^{-6}\ mm/s$ mit Wasserstoffeinwirkung festzustellen. Dieser Anstieg der Rißwachstumsgeschwindigkeit wurde in [Dietzel et al., 2006] ebenfalls experimentell festgestellt. Diese „global" zu beobachtende Auswirkung des Wasserstoffs

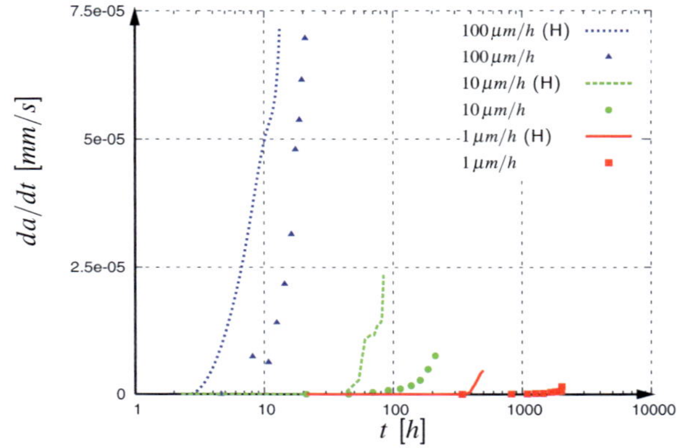

Abbildung 5.17: Rißwachstumsgeschwindigkeit unter Wasserstoffeinfluß

im Anstieg der Rißwachstumsgeschwindigkeit ist auf die „lokale" Wasserstoffeinwirkung zurückzuführen. Hierbei spielt der Abfall der Kohäsivfestigkeit die entscheidende Rolle. Die damit verbundene begünstigte Dekohäsion, herbeigeführt durch die Herabsetzung der Separationsenergie, bewirkt ein vorzeitig einsetzendes Rißwachstum. Im Rahmen der Modellierung bedeutet dies, daß die Kohäsivelemente früher „versagen". Aufgrund der direkten Abhängigkeit der Kohäsivfestigkeit der im Rißligament plazierten Elemente von der dortigen Wasserstoffkonzentration durch Gl. (2.4.4), ist ab einer gewissen verstrichenen Zeit das maximale Schädigungsausmaß erreicht, demzufolge in diesem Falle eine Zunahme der Rißwachstumsgeschwindigkeit um den Faktor ≈ 3 feststellbar war.

5.2.4.2 Vergleich unter separatem Einsatz des HELP- und HEDE-Mechanismus

Sowohl HEDE als auch HELP sind etablierte Mechanismen zur Erklärung der wasserstoffinduzierten Spannungsrißkorrosion. Da bis zum heutigen Tage nicht vollständig geklärt werden konnte, ob diese beiden Mechanismen im physikalisch-chemischen Sinne überhaupt zutreffend sind bzw. inwieweit einer der beiden Mechanismen den Schädigungsvorgang dominiert oder besser beschreibt, befaßt sich diese Arbeit mit Simulationen, die beide Mechanismen beinhaltet. Dadurch können Studien zur näheren Untersuchung dieses Sachverhaltes unternommen werden. In dieser Simulation verursacht die Sättigungskonzentration des Wasserstoffs im Material eine Verringerung der Kohäsivfestigkeit um bis zu

36 % sowie eine Verringerung der Fließgrenze um bis zu 20 %. Um den Beitrag des HEDE bzw. HELP-Modells studieren zu können, wurden beide Modelle getrennt voneinander eingesetzt. Es konnte festgestellt werden, daß HEDE mit einer Beeinflussung des Separationsverhaltens einen starken Abfall des Rißwiderstandes herbeiführt, s. Abb. 5.18(a). Der HELP-Mechanismus verändert das Deformationsverhalten, s. Abb. 5.18(b), so daß hierdurch ein Anstieg der R-Kurven verursacht wird. Es findet also mit der Anwendung beider

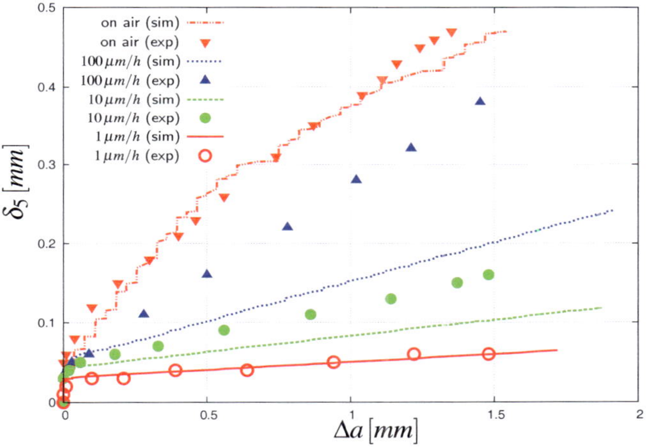

(a) Ohne HELP-Option, mit HEDE-Option

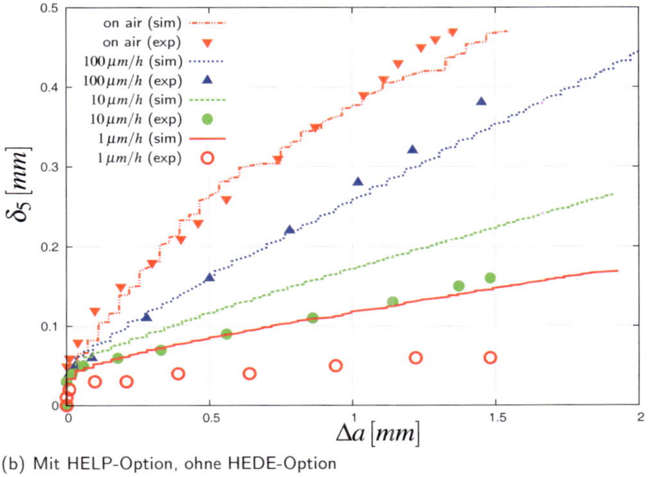

(b) Mit HELP-Option, ohne HEDE-Option

Abbildung 5.18: Anwendung von HEDE und HELP jeweils getrennt voneinander

Mechanismen eine Überlagerung der gegensätzlichen Wirkungen statt. Aufgrund des direkt an der Rißspitze konzentrierten Wirkungsbereichs verursacht der HEDE-Mechanismus eine stark lokalisierte Materialdegradation, wohingegen das HELP-Modell durch die Wasserstoffverteilung im Volumen einen weit größeren Wirkradius besitzt. Zweifelsfrei ist HEDE in der Lage den Vorgang der Versprödung phänomenologisch eindeutiger abzubilden, da eine verminderte Kohäsivfestigkeit die Duktilität des Werkstoffs vermindert. HELP führt hingegen durch das vorzeitige Einsetzen des plastischen Fließens erst zu einer Spannungsumlagerung in die Bereiche, die durch den Wasserstoff noch nicht beeinflußt wurden, und damit erst indirekt auf ein durch Schädigungslokalisierung hervorgerufenes Rißwachstum. Die Abbildung eines durch Wasserstoff beeinflußten Rißwachstums ist durch die alleinige Verwendung des HEDE-Modells möglich. Bei der Anwendung des HELP-Modells stößt die Modellierung des Rißwachstums an ihre Grenzen. Obwohl die experimentell beobachtete Mobilitätserhöhung der Versetzungen mit einer Verminderung der Fließgrenze phänomenologisch korrekt abbildbar ist, führt dies zu einer Steigungszunahme der R-Kurven und somit in erster Linie zu einem Widerspruch mit der im Rahmen der wasserstoffinduzierten Spannungsrißkorrosion zu beobachtenden Duktilitätsabnahme. Daher kann dieser Mechanismus zur Wiedergabe der makroskopisch auftretenden Vorgänge, wie beispielsweise beschleunigtes Rißwachstum, verformungsärmerer Bruch oder Abfall der Rißspitzenverschiebung nicht als alleiniges Modell herangezogen werden, sondern nur in Verbindung mit dem HEDE-Modell, welches in der Lage ist, diese geschilderten Sachverhalte abzubilden.

Darüberhinaus ist bei dieser Überlagerung der beiden Mechanismen der zeitliche Einfluß entscheidend. Betrachtet man die zur Degradation durch das HELP-Modell notwendige zeitlich abhängige Wasserstoffverteilung, so kann das Hervortreten des jeweiligen Mechanismus davon abhängig gemacht werden, mit welcher Abzugsgeschwindigkeit das Bauteil beansprucht wird. So treten bei niedrigen Abzugsgeschwindigkeiten die zeitabhängigen Effekte durch die Wasserstoffdiffusion in den Hintergrund, da sich bei hinreichend langer Wasserstoffexposition eine weitreichende homogene Schädigungs- und Entfestigungszone ausbilden kann. Im Falle hoher Abzugsgeschwindigkeiten kann die Degradation durch HELP keine bedeutsame Wirkung entfalten, da der Wasserstoff im Vergleich zum Riß langsamer durch den Werkstoff propagiert. In diesem Falle dominiert der HEDE-Mechanismus, da sich das Konzentrationsmaximum des Wasserstoffs an der Rißspitze befindet und aufgrund der Schwächung der Kohäsivfestigkeit das Rißwachstum verfrüht einsetzt. Es ist also an dieser Stelle zu folgern, daß beide Modellvorstellungen für ein phänomenologisches Modell heranziehbar sind und sich hinsichtlich ihres Wirkungsbeitrages infolge der zeitlichen Modelldynamik unterscheiden.

5.3 Sensitivitätsanalyse

Die Simulation verarbeitet die vier Teilgebiete Oberflächenkinetik, Diffusion, Deformation und Rißwachstum. Jedes dieser Teilgebiete ist in einem Modell abgelegt, welches neben den Konstitutivgleichungen eine bestimmte Anzahl von Modellparametern aufweist. Hierbei bestehen die zu nennenden Größen aus Konstanten und durch experimentelle Analytik oder theoretische Untersuchungen bestimmte Größen, wie beispielsweise Absorptions- oder Diffusionsenthalpien oder die Dichte der Gitterstelleneinlagerungsorte sowie aus Größen, die im Rahmen der Abbildung des Versuchs zu bestimmen sind. Eine Auflistung des Parametersatzes befindet sich in Tab. 5.4. Einige davon können als maßgeblich für ihren Einfluß auf das Rißwachstumsverhalten angesehen werden und bekommen im Vergleich zu den verbleibenden Parametern eine höhere Bedeutung beigemessen. Die maßgeblichen Modellparameter i_p^∞, D_{sor}, ΔH_d, ξ sowie die Kohäsivparameter σ_{c0} und δ_0 wurden in einer Sensitivitätsstudie untersucht. Hierfür wurden die jeweiligen Parameter wie angegeben verändert, um den Einfluß auf die R-Kurve und somit auf den Rißwiderstand zu studieren. Die Abweichungen werden auf den Zustand in Abb. 5.2 bezogen.

5.3.1 Maximale Permeationsstromdichte i_p^∞

Die *maximale Permeationsstromdichte* i_p^∞ kommt im Chemisorptionsmodell zur Anwendung. Sie steuert mit ihrem Wert die maximale Wasserstoffkonzentration, die für $t \longrightarrow \infty$ erreicht wird. Eine Erhöhung des Wertes führt infolge der wachsenden Wasserstoffkonzentration auch zu einer stärkeren Schädigung des Materials, wie in Abb. 5.19 zu erkennen ist und zu einem Abfall des Rißwiderstandes. Die mit zunehmend höherem Permeationsstrom hervorgerufene Verminderung der Steigungen ist durch die ebenfalls proportional wachsende Wasserstoffkonzentration zu erklären. Der atomare Wasserstoff vermindert zunehmend die Kohäsivfestigkeit, welche den steigungs- und duktilitätsbestimmenden Parameter im Kohäsivzonenmodell darstellt.

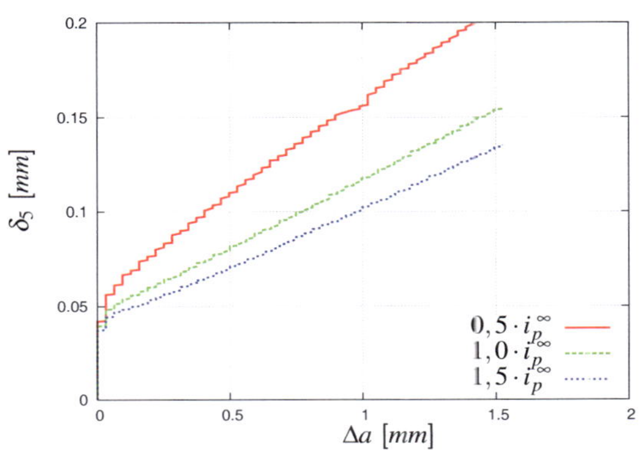

Abbildung 5.19: Parametersensitivität i_p^∞, Abzugsgeschwindigkeit $\dot{v}_{ll,1} = 1\ \mu m/h$, $i_p^\infty = 3,61 \cdot 10^{-5}\ A/cm^2$

Parameter	Benennung	Klassifizierung
	Oberflächenkinetik	
i_p^∞	max. Permeationsstromdichte	angepaßt*
D_{sor}	Diffusionskoeffizient der Chemisorption	angepaßt*
k_p	Absorptionsratenparameter	angepaßt
k	Desorptionsratenparameter	angepaßt
L	Dicke der Permeationsprobe	vorgegeben
A_{perm}	Permeationsquerschnitt	vorgegeben
	Diffusion	
ΔH_d	Diffusionsenthalpie	angepaßt*
D_L	Diffusionskoeffizient der Gitterdiffusion	exper. bestimmt
T	Umgebungstemperatur	vorgegeben
N_L	Gitterstellendichte	vorgegeben
N_{T0}	Parameter zur Haftstellendichte	vorgegeben
N_{T1}	Parameter zur Haftstellendichte	vorgegeben
$\overline{V}_H$	Partielles molares Volumen von Wasserstoff in Eisen	vorgegeben
ΔH_B	Haftstellenbindungsenthalpie	exper. bestimmt
	Deformation	
ξ	Verminderungskoeffizient bzgl. der Fließgrenze	angepaßt*
ε_0	Normierung für elastisch-plastisches Potenzgesetz	angepaßt
σ_0	Normierung für elastisch-plastisches Potenzgesetz	angepaßt
n	Verfestigungsexponent	angepaßt
	Rißwachstum	
σ_{c0}	Kohäsivfestigkeit	angepaßt*
δ_0	kritische Separation	angepaßt*
δ_1	Formparameter Separationsgesetz	vorgegeben
δ_2	Formparameter Separationsgesetz	vorgegeben
P	Penalty-Wert	angepaßt
K	Leitfähigkeit der Rißspitzenelemente f. Penalty	angepaßt
a_0	Parameter, HEDE	exper. bestimmt
a_1	Parameter, HEDE	exper. bestimmt
a_2	Parameter, HEDE	exper. bestimmt
ΔH_S	Segregationsenthalpie	exper. bestimmt
	Konstanten und feste Werte	
R	Allgemeine Gaskonstante	physik. Konstante
N_A	Avogadro-Konstante	physik. Konstante
F	Faraday-Konstante	physik. Konstante

* Parameter, die das Modellverhalten maßgeblich beeinflussen

Tabelle 5.4: Parametersatz

5.3.2 Diffusionskoeffizient der Deckschicht D_{sor}

Durch den *Diffusionskoeffizienten* der Chemisorption D_{sor} wird der zeitliche Verlauf der Absorptionskurve bestimmt. Höhere Werte bezeichnen eine gute Durchlässigkeit der Deckschicht, niedrige Werte eine verminderte. Demzufolge wächst der Rißwiderstand mit fallendem Diffusionskoeffizienten, da die Aufnahme des Wasserstoffs verzögert wird, s. Abb. 5.20. Begünstigt hingegen die Deckschicht den Durchtritt des Wasserstoffs, so wird der Werkstoff infolge der nun schneller erreichten Sättigungskonzentration C_∞ stärker geschädigt, der Rißwiderstand fällt. Ein Einfluß auf die Steigung der R-Kurven erfolgt nicht, da die

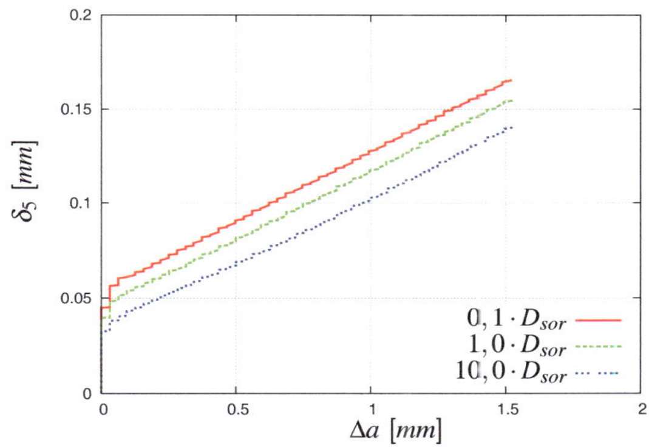

Abbildung 5.20: Parametersensitivität D_{sor}, Abzugsgeschwindigkeit $\dot{v}_{ll,1} = 1\ \mu m/h$, $D_{sor} = 1,2 \cdot 10^{-8}\ cm^2/s$

maximale Konzentration C_∞ nicht verändert wird. Hier wird vielmehr eine Beeinflussung der Rißspitzenverschiebung bei Rißinitiierung durch eine zeitabhängige Schädigung bewirkt.

5.3.3 Diffusionsenthalpie ΔH_d

Die Verteilung von Wasserstoff wird durch die *Diffusionsenthalpie* ΔH_d bestimmt. Das Ausmaß der Materialdegradation wächst mit einem höheren Gehalt an gelöstem Wasserstoff. Eine hohe Diffusionsenthalpie führt zu einer geringeren Ausbreitung des Wasserstoffs als ein vergleichbar niedrigerer Wert. In Abb. 5.21 kann beobachtet werden, daß ein geringerer Ausbreitungsradius infolge eines hohen Wertes der Diffusionsenthalpie zu einer geringeren Materialdegradation führt und damit zu einem höheren Rißwiderstand. Eine geringere Diffusionsenthalpie führt zu einem größeren Gebiet der Wasserstoffausbreitung und resultiert daher in einem geringeren Rißwiderstand.

5.3.4 Entfestigungsparameter ξ

Dem HELP-Modell folgend beeinflußt Wasserstoff die lokale Fließgrenze. Ein Herabsetzen des *Entfestigungsparameters* ξ steht für eine höhere Mobilität der Versetzungen und verstärkte plastische Prozesse. Daher ist der Rißwiderstand geringer mit einem fallenden ξ

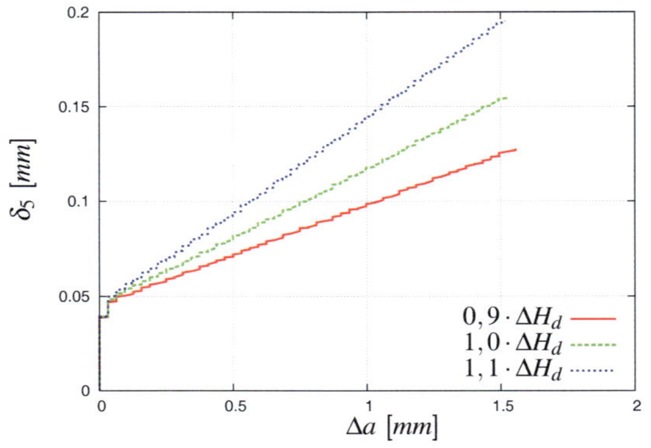

Abbildung 5.21: Parametersensitivität ΔH_d, Abzugsgeschwindigkeit $\dot{v}_{ll,1} = 1\ \mu m/h$, $\Delta H_d = 12025,0\,J/(mol\ K)$

und höher mit einem wachsenden ξ, s. Abb. 5.22. Erkennbar ist an dieser Stelle eine mit dem HELP-Modell verbundene Duktilitätszunahme.

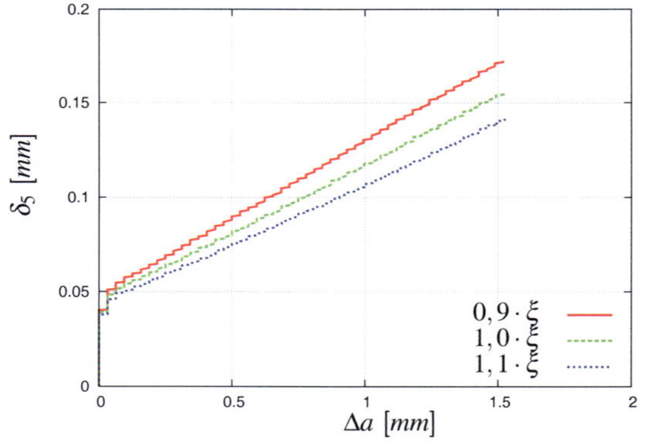

Abbildung 5.22: Parametersensitivität ξ, Abzugsgeschwindigkeit $\dot{v}_{ll,1} = 1\ \mu m/h$, $\xi = 0,8$

5.3.5 Kohäsivfestigkeit σ_{c0}

Eine Verminderung der *Kohäsivfestigkeit* σ_{c0} wird mit der Verringerung der interatomaren Bindungskräfte identifiziert. Diese Vorstellung folgt dem HEDE-Modell. Eine geringere Kohäsivfestigkeit führt daher zu einem geringeren Rißwiderstand, s. Abb. 5.23, verursacht durch geringere interatomare Bindungskräfte. Eine höhere Kohäsivfestigkeit steht für Materialien mit einer hohen Zugfestigkeit und hohem Rißwiderstand [Elices et al., 2002].

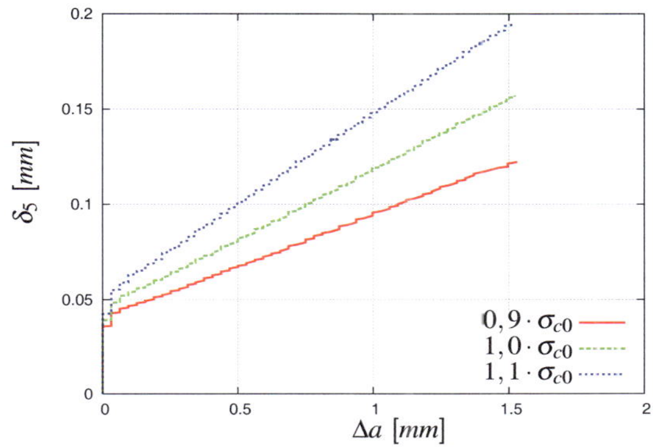

Abbildung 5.23: Parametersensitivität σ_{c0}, Abzugsgeschwindigkeit $\dot{v}_{II,1} = 1\ \mu m/h$, $\sigma_{c0} = 2388,9\, N/mm^2$

5.3.6 Kritische Separation δ_0

Eine Verminderung der *Kritischen Separation* δ_0, s. Abb. 5.24, führt zu einer früher einsetzenden Materialseparation und steht daher für einen verminderten Rißwiderstand, was an den flacheren Kurven abgelesen werden kann. Werkstoffe mit einem ausgeprägten Fließverhalten haben einen verhältnismäßig großen Wert für diese kritische Separation und weisen daher auch einen größeren Rißwiderstand auf.

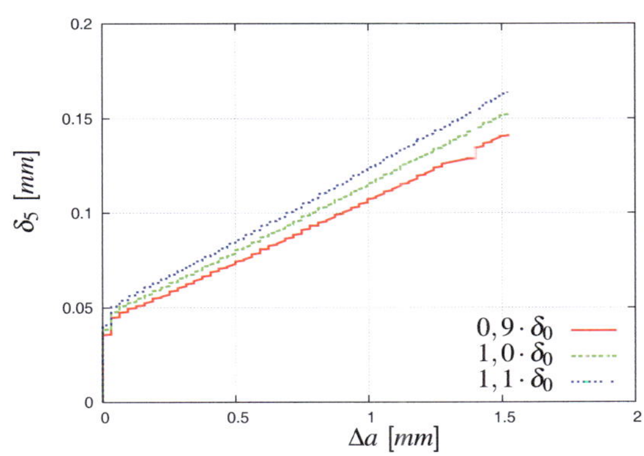

Abbildung 5.24: Parametersensitivität δ_0, Abzugsgeschwindigkeit $\dot{v}_{II,1} = 1\ \mu m/h$, $\delta_0 = 0,01838\, mm$

5.3.7 Vergleich und Abgrenzung der Parameter

Die Einflußbereiche der Parameter sind eingrenzbar, s. Tab. 5.5. Die Permeationsstromdichte i_p, die im Rahmen des Chemisorptionsmodells verwendet wird, definiert den Eintrag des Wasserstoffs in den Werkstoff. Aus der maximalen Permeationsstromdichte i_p^∞ folgt direkt die maximale Materialdegradation infolge des HEDE-Mechanismus, da weitere Anpassungsparameter hier nicht vorhanden sind. Der Diffusionskoeffizient der Deckschicht D_{sor} beschreibt den Verlauf der Sättigungskurve und definiert damit den Zeitpunkt, ab dem die maximale Wasserstoffkonzentration im Werkstoff unter der Deckschicht, und damit auch die damit verbundene maximale Schädigung, erreicht wird. Die Diffusionsenthalpie ΔH_d bestimmt die zeitabhängige Ausbreitung des Wasserstoffs vom Eintrittsort der Rißspitze und damit den Ausbreitungsradius der durch das HELP-Modell beschriebenen wasserstoffinduzierten Entfestigung im gesamten Werkstoff und den Wirkungsradius der Herabsetzung der Kohäsivfestigkeit im Rißligament. Dieser Wert streut in der Literatur über mehrere Größenordnungen [Vehoff, 1997]. Der Anpassungsparameter ξ steuert die maximale Entfestigung, die durch das HELP-Modell formuliert wird. Der verbleibende Parameter σ_{c0} wird zwar durch den Wasserstoffeinfluß verändert, ist allerdings durch die Anpassung an das vom Wasserstoff unbeeinflußte Werkstoffverhalten, genauso wie der Parameter δ_0, bereits bestimmt.

Oberflächenkinetik	
i_p^∞	bestimmt das maximale Schädigungsausmaß
D_{sor}	bestimmt den zeitlichen Aufbau der Wasserstoffkonzentration
Diffusion	
ΔH_d	bestimmt die Wasserstoffausbreitung im materiellen Volumen
Deformation	
ξ	bestimmt, um welchen Faktor sich die Fließgrenze vermindert
Rißwachstum	
σ_{c0}	bestimmt die maximal ertragbare (Kohäsiv-) Spannung
δ_0	bestimmt die maximal ertragbare Aufweitung

Tabelle 5.5: Einfluß der Modellparameter

5.4 Netzabhängigkeitsstudie

Eine Netzabhängigkeitsstudie für alle Abzugsgeschwindigkeiten wurde durchgeführt. Als maßgebliche Elementkantenlänge wurde die entsprechende Abmessung der Kohäsivzonenelemente herangezogen, die im Rißpfad plaziert wurden (kleinste Elementkantenlänge). Hierbei wurden die Ergebnisse aus Simulationen mit folgenden Elementkantenlängen diskutiert: $l_1 = 31,25\ \mu m$; $l_2 = 62,5\ \mu m$, s. Abb. 5.25; $l_3 = 125,0\ \mu m$ und $l_4 = 250,0\ \mu m$. Die Darstellungen der Vernetzungen für die Längen l_1, l_3 und l_4 sind im Anhang D in den Abb. D.1, D.2 und D.3 zu finden. Ausgehend von der Elementkantenlänge $l_4 = 250,0\ \mu m$ wurde eine immer feiner werdende Vernetzung bis zum Wert $l_1 = 31,25\ \mu m$ vorgenommen. Da die Netzverfeinerung nur entlang der Zone des Rißligamentes erforderlich ist, wurde eine Vergröberung der Netzstruktur zu den verbleibenden Bereichen durchgeführt. Folgend sind auf den Abb. 5.26, 5.27 und 5.28 die entsprechenden R-Kurven abhängig

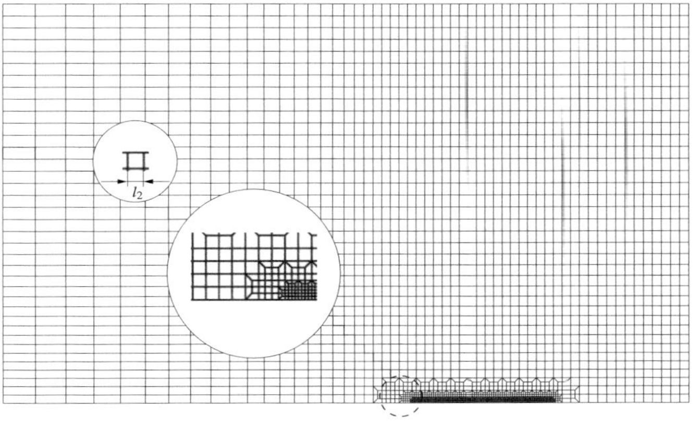

Abbildung 5.25: Netz 2D für $l_2 = 62,5\ \mu m$

von der Elementierung zu den Abzugsgeschwindigkeiten $\dot{v}_{II,1} = 1\ \mu m/h$, $\dot{v}_{II,2} = 10\ \mu m/h$ und $\dot{v}_{II,3} = 100\ \mu m/h$ dargestellt. Eine deutliche Konvergenz zum Ergebnis die der Elementkantenlänge $l_2 = 62,5\ \mu m$ zugehörigen R-Kurve ist zu erkennen. Im Vergleich der Ergebnisse mit Bezug auf die gerechneten Abzugsgeschwindigkeiten sind unterschiedliche Konvergenzgeschwindigkeiten feststellbar. Während die R-Kurven der verschiedenen Elementlängen für die Abzugsgeschwindigkeit $\dot{v}_{II,1} = 1\ \mu m/h$ in Abb 5.26 vergleichsweise schnell auf die der Elementlänge l_2 konvergieren, nimmt die Konvergenzgeschwindigkeit mit wachsender Abzugsgeschwindigkeit ab, s. Abb. 5.27 und 5.28. Eine Netzabhängigkeit durch starke Gradienten tritt in diesem Falle besonders deutlich hervor, wenn mit wachsender Abzugsgeschwindigkeit die daraus folgende Materialdegradation sinkt. Hiermit verbundene hohe mechanische Druckgradienten führen zu starken Wechselwirkungen mit dem Stofftransport, die bei fortgeschrittener Materialdegradation nicht auftreten würden. Eine geringe Abzugsgeschwindigkeit bewirkt hingegen durch die hiermit verbundene zunehmende Expositionszeit eine homogenere Verteilung des Wasserstoffs sowie der Materialdegradation und damit ebenfalls eine zunehmende Glättung der Gradienten. Daher ist gerade bei hohen Abzugsgeschwindigkeiten mit einer starken Netzabhängigkeit zu rechnen. Die Vernetzung

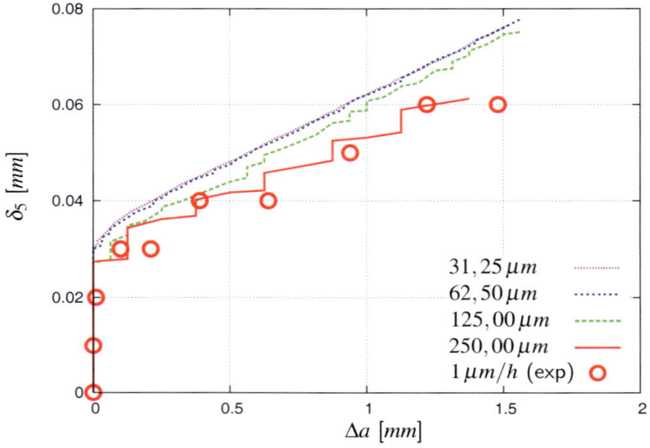

Abbildung 5.26: Netzabhängigkeitsstudie 2D für $\dot{v}_{II,1} = 1\ \mu m/h$

im Rißpfad wurde mit einer Elementkantenlänge von $l_2 = 62,5\ \mu m$ als hinreichend fein eingestuft. Das gröbste Element dieses Netzes besitzt eine Elementkantenlänge von $1,89\ mm$.

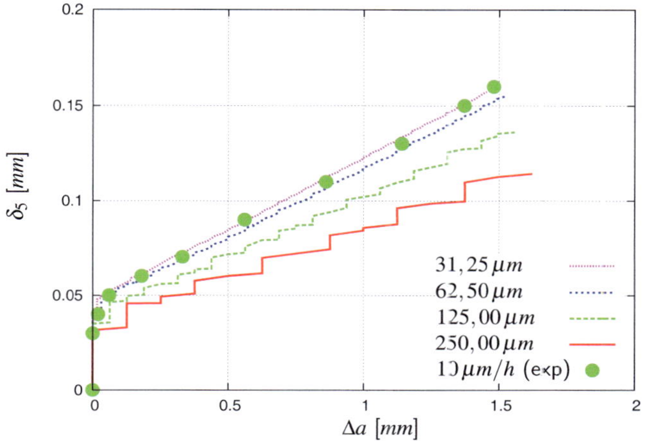

Abbildung 5.27: Netzabhängigkeitsstudie 2D für $\dot{v}_{ll,2} = 10\ \mu m/h$

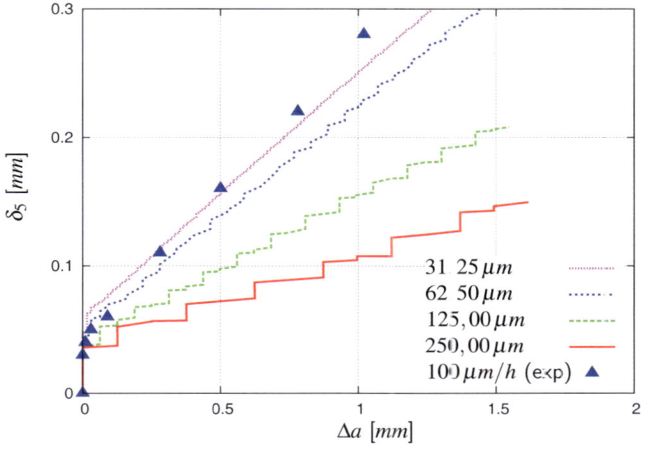

Abbildung 5.28: Netzabhängigkeitsstudie 2D für $\dot{v}_{ll,3} = 100\ \mu m/h$

5.5 Folgerungen und Herleitungen von Kenngrößen

Bruchmechanische Kennwerte dienen einer schnellen Sicherheitsbewertung von rissbehafteten Bauteilen. Hierfür existieren Normen für die Kennwertermittlung [ASTM E 1820 - 99a, 2000; Schwalbe and Cornec, 1991] und Bewertungsprozeduren [Dietzel, 2002; Schwalbe et al., 1994]. Für die Rißinitiierung durch wSpRK wurde der Spannungsintensitätsfaktor $K_{I,SCC}$ [Brown, 1968] eingeführt. Die mit dem vorliegenden Modell durchgeführten Simulationen werden hinsichtlich dieses Kennwertes ausgewertet.

5.5.1 Spannungsintensitätsfaktoren $K_{I,SCC}$ bei verschiedenen Abzugsgeschwindigkeiten

Bei der in dieser Arbeit durchgeführten Simulation wirkt sich die Herabsetzung der Kohäsivfestigkeit durch den Wasserstoff um bis zu 36 % sowie der lokalen Fließgrenze um bis zu 20 % unmittelbar auf den Wert des Spannungsintensitätsfaktors aus. Bereits in der Arbeit von [Dietzel, 1991] wird für den in der vorliegenden Arbeit untersuchten Werkstoff über eine Verminderung des J-Integrals bei Rißinitiierung infolge wasserstoffinduzierter Spannungsrißkorrosion um ca. 91 % für die geringste Abzugsgeschwindigkeit berichtet.

Die Spannungsintensitätsfaktoren bei Rißinitiierung $K_{I,SCC}$ wurden aus den Simulationen nach Gl. (5.5.1) gemäß [ASTM E 1820 - 99a, 2000] bestimmt und ergaben die in Tab. 5.6 genannten Werte.

$$K_I = \frac{F}{b\sqrt{w}} \frac{(2+(\frac{a}{w}))}{(1-(\frac{a}{w}))^{3/2}} \left[0,886+4,64\left(\frac{a}{w}\right)-13,32\left(\frac{a}{w}\right)^2+14,72\left(\frac{a}{w}\right)^3-5,6\left(\frac{a}{w}\right)^4\right] \tag{5.5.1}$$

Die Kraft F bei Rißinitiierung t_{ini} wurde aus dem Kraft-Verformungsschaubild der Simulation, s. Abb. 5.29, abgelesen. In [Dietzel, 1991] wurde bei abnehmender Abzugsgeschwindigkeit von einem unteren Grenzwert von $K_{I,SCC} = 70\,MPa\sqrt{m}$ berichtet. Dieser Wert stimmt mit dem aus den Ergebnissen der durchgeführten Simulation bei der niedrigsten Abzugsgeschwindigkeit errechneten Resultat gut überein. Die sich daraus ergebenden Spannungsintensitätsfaktoren der Rißinitiierung unter wSpRK fallen unter zunehmender zeitlicher Was-

Abzugsgeschwindigkeit	**Initiierungszeit**	**Kraft**	**SIF**
$\dot{v}_{ll}$	t_{ini}	F	$K_{I,SCC}$
$[\mu m/s]$	$[s]$	$[N]$	$[MPa\sqrt{m}]$
on air	$85,65$	$1976,5$	$118,4$
$100,0$	$2,1463 \cdot 10^4$	$1778,6$	$106,5$
$10,0$	$1,8072 \cdot 10^5$	$1555,2$	$93,1$
$1,0$	$1,3349 \cdot 10^6$	$1190,7$	$71,3$

Tabelle 5.6: Spannungsintensitätsfaktoren $K_{I,SCC}$ bei Rißinitiierung

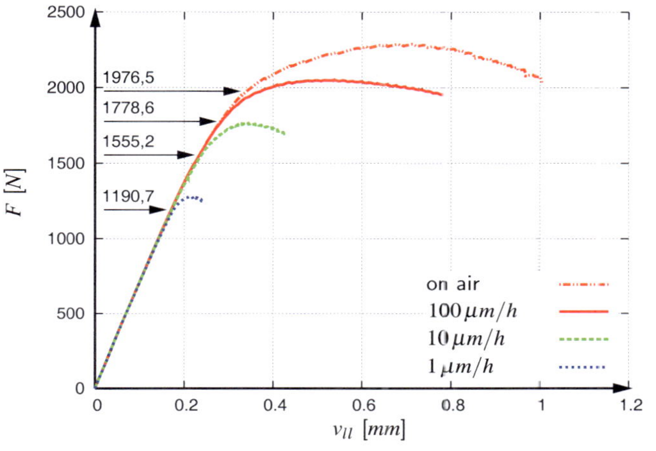

Abbildung 5.29: Kraft-Verformungsschaubilder der verschiedenen Abzugsgeschwindigkeiten

serstoffexposition, s. Abb. 5.30, und können in diesem Falle mit Hilfe folgender Funktion approximiert werden, s. Gl. (5.5.2):

$$K_{I,SCC} = K_{I,onair} \cdot \left[\exp\left(-\frac{t-\tau_1}{\tau_2} \right)^{k_1} + k_2 \right] \tag{5.5.2}$$

mit den Werten $\tau_1 = 0,0379\,s$, $\tau_2 = 2190,3\,s$ und $k_1 = 0,3707$ sowie $k_2 = 0,0079$. Die nichtlineare Regression ist in Abb. 5.30 dargestellt. Normiert man die Funktion auf den

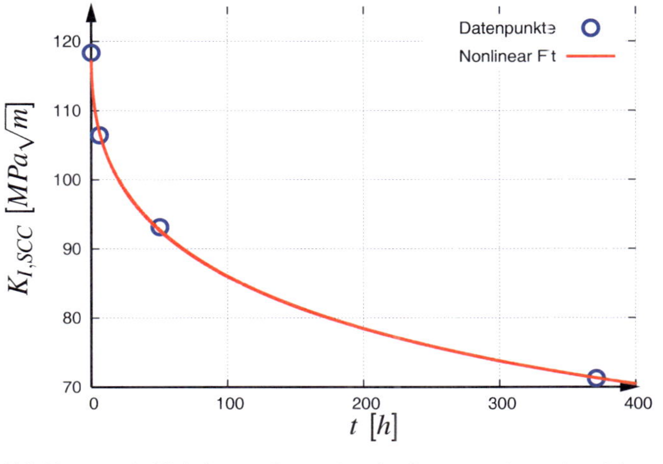

Abbildung 5.30: Nichtlineare Regression der Spannungsintensitätsfaktoren

Wert $K_{I,onair}$, ergibt sich das Verhältnis des Abfalls des Spannungsintensitätsfaktors Ω_K, der mit der Zeit der Wasserstoffexposition an der Rißspitze zu erwarten ist, s. Gl. (5.5.3).

$$\Omega_K = \frac{K_{I,SCC}}{K_{I,onair}} = \left[\exp\left(-\frac{t-\tau_1}{\tau_2}\right)^{k_1} + k_2\right] \tag{5.5.3}$$

5.5.2 $K_{I,SCC}$-Lower-Bound-Value

In [Dietzel and Schwalbe, 1993] wurde versucht, durch experimentelle Versuche mit immer geringeren Abzugsgeschwindigkeiten ein Plateau zu finden, an dem sich ein minimaler Wert des Spannungsintensitätsfaktors $K_{I,SCC}$ ablesen läßt, s. Abb. 5.31. Die hierbei zu bestimmende maximale Materialdegradation konnte durch Simulationen ermittelt werden. Hierfür wurde eine vollständige Besetzung aller Wasserstoffplätze im Werkstoff

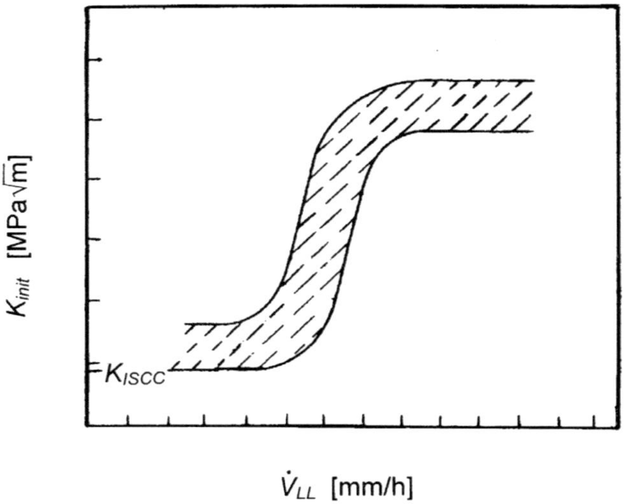

Abbildung 5.31: Asymptotischer Verlauf des Initiierungswertes $K_{I,SCC}$ [Dietzel and Schwalbe, 1993]

angenommen. Die Parametereinstellungen wurden aus den vorangegangenen Simulationen übernommen. Das HELP-Modell war für diese Betrachtung nicht zweckmäßig, da es eine Duktilitätszunahme beschreibt. Für die Simulation der maximalen Materialdegradation wurde daher ausschließlich das HEDE-Modell verwendet.

Eine überschlägige Abschätzung der maximalen Materialdegradation wird folgendermaßen vorgenommen. Es wird eine flächendeckende Verminderung der Kohäsivfestigkeit um Ω_S angenommen, eine Betrachtung von Ω_F ist für den schlechtmöglichsten Fall nicht

Reduktionsfaktor	Wert	Wirkung
Ω_S	$0,36$	Verminderung der Separationsenergie
Ω_F	$0,20$	Verminderung der Fließgrenze

Tabelle 5.7: Reduktionsfaktoren Ω_S und Ω_F

von Bedeutung. Die Reduktionsfaktoren, s. Tab. 5.7, wurden durch die Parameteranpassung an den Werkstoff bereits ermittelt. Der Reduktionsfaktor Ω_S ergibt sich direkt mit der Sättigungskonzentration C_∞ aus Gl. (2.4.5) und (2.4.4); Ω_F entspricht dem Wert ξ, der in Gl. (2.3.1) die Verminderung der Fließgrenze beschreibt. Eine auf dieser Grundlage vorgenommene Rißfortschrittssimulation führt auch ohne die Modellierung von Wasserstoffdiffusionsprozessen zu Ergebnissen, die diesen sogenannten „Lower-Bound-Value", s. Abb. 5.32, ermitteln können. Es zeigte sich, daß unter diesen Annahmen ein Wert des Spannungsintensitätsfaktors von $K_{I,SCC} = 64,25\ MPa\sqrt{m}$ ermittelt wird.

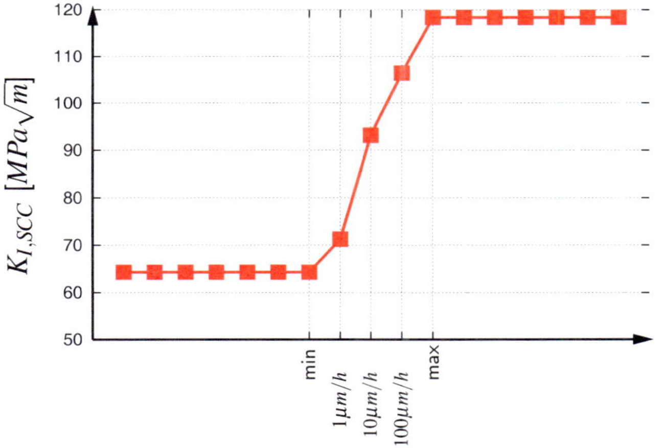

Abbildung 5.32: Spannungsintensitätsfaktoren für die Rißinitiierung in Abhängigkeit von der Abzugsgeschwindigkeit (Simulation)

Rechenaufwendige Simulationen können somit im ersten Abschätzungsschritt durch eine rein mechanische Simulation ohne Stofftransportprozesse umgangen werden, diese sind allerdings für eine spätere Absicherung der Ergebnisse von entscheidender Bedeutung. Ordnet man die hieraus gewonnenen überschlägigen R-Kurven in die Rißwiderstandskurven der verschiedenen Abzugsgeschwindigkeiten ein, s. Abb. 5.33(a), so erkennt man die Konservativität der R-Kurve, die unter Anwendung des HEDE-Modells gerechnet wurde. Die vergrößerte Abb. 5.33(b) zeigt deutlich den Unterschied zwischen der R-Kurve, die nur unter Herannahme des HEDE-Mechanismus gerechnet wurde, und einer Simulation, die sowohl den HEDE- als auch den HELP-Mechanismus beinhaltet. Diese letztgenannte Kurve verläuft über der simulierten nicht-überschlägigen R-Kurve und bildet daher eine

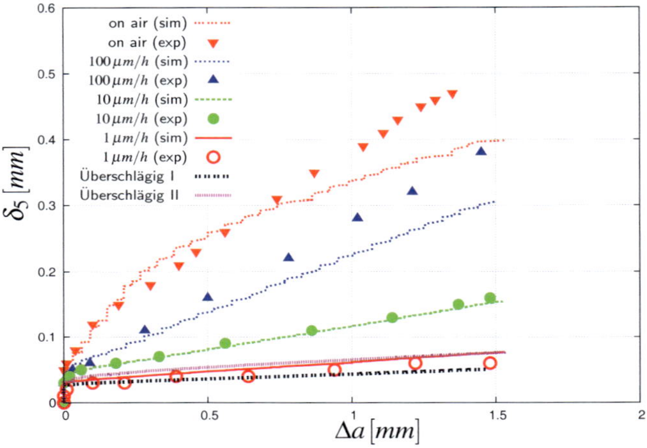

(a) für alle Abzugsgeschwindigkeiten

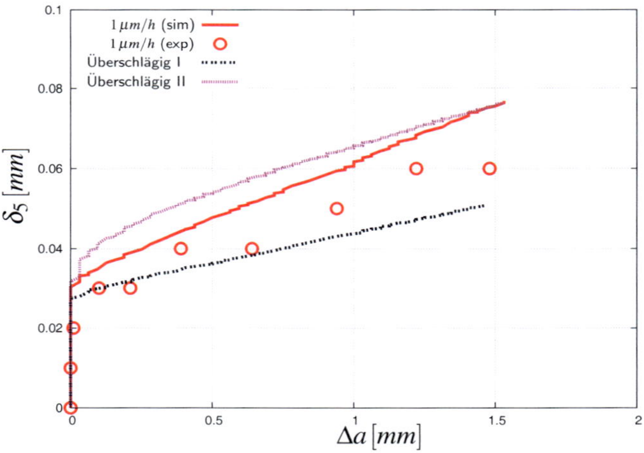

(b) für die Abzugsgeschwindigkeit $\dot{v}_{ll,1} = 1\,\mu m/h$

Abbildung 5.33: Rißwiderstandskurven mit überschlägiger Rechnung für die Abzugsgeschwindigkeit $\dot{v}_{ll,1} = 1\,\mu m/h$; Überschlägig I: mit Einsatz des HEDE-Modells, Überschlägig II: mit Einsatz des HEDE- sowie des HELP-Modells

nicht existierende Duktilitätserhöhung ab. Dieses Ergebnis wird durch eine maximale wasserstoffinduzierte Entfestigung infolge des HELP-Modells erklärt, welche mit dem HEDE-Mechanismus überlagert wird. Durch die fehlende Zeitverzögerung der Wasserstoffdiffusion tritt dieser Effekt besonders deutlich hervor. Eine konservative überschlägige Aussage ist also ausschließlich auf der Grundlage der Anwendung des HEDE-Modells zu treffen.

5.6 Räumliches Modell: Ergebnisse und Auswertung

Simulationen mit einem 3D-Modell erlauben die Abbildung von Dickeneffekten. Die Gradienten der Wasserstoffkonzentration in Dickenrichtung führen zu Gradienten der Schädigung und beeinflussen damit die Rißfrontgeometrie. Die Ursachen dieser Dickeneffekte werden folgend diskutiert.

5.6.1 Effekte infolge veränderter Randbedingungen

Die im aufgehenden Rißspalt stattfindenden Korrosionsprozesse begünstigen eine Generierung von Wasserstoff an den Werkstoffoberflächen, der anschließend in das Werkstoffinnere übergeht. Dieser Vorgang wird durch verschiedene Umgebungsfaktoren gefördert. Die chemische Zusammensetzung des Korrosionsmediums ist hierbei von entscheidender Bedeutung, beispielsweise führen bestimmte chemische Zusätze zu einer erhöhten Generierung von Wasserstoff. Eine gleichermaßen in Erscheinung tretende Wirkung weist ein angelegtes Schutzpotential auf. Andere Faktoren vermindern den Vorgang wiederum. So führt beispielsweise eine im Riß herrschende Strömung zu einem regelmäßigen Austausch des Korrosionsmediums und kann somit maßgebliche korrosionsursächliche Bestandteile des Mediums aus dem Spalt transportieren. Im Medium enthaltene Inhibitoren können ebenfalls für eine Verminderung sorgen. Daraus resultiert eine unterschiedliche Höhe der Wasserstoffkonzentration, die im Werkstoff anzunehmen ist. Der Einfluß, den eine Deckschicht ausübt, ist ebenfalls zu berücksichtigen. Eine vorausgegangene Oberflächenbehandlung kann Deckschichtbestandteile ggf. abgelöst haben, so daß eine Wasserstoffaufnahme beschleunigt wird. Die Wirkung, die eine unterschiedlich hohe Wasserstoffkonzentration auf die Rißfront ausübt, wird folgend ausgewertet. Bei der Betrachtung des Rißfortschritts, bei dem in dieser Simulation jeweils die volle Sättigungskonzentration an der Rißfront appliziert wird, wirkt sich die Höhe der Wasserstoffkonzentration entscheidend auf die Rißfrontgeometrie aus. So beobachtet man bei einer niedrigeren Wasserstoffkonzentration, s. Abb. 5.34(a), 5.34(b), noch ein deutliches Voreilen der Rißfront in Dickenmitte. Bei der in der vorliegenden Arbeit verwendeten Sättigungskonzentration, s. Abb. 5.34(c), 5.34(d) sowie bei erneut erhöhter Konzentration in Abb. 5.34(e), 5.34(f) erkennt man ein zunehmendes Abflachen der Rißfront. Während eine ausgeprägte „Daumennagelform" ein Merkmal des duktilen Rißwachstums darstellt, kennzeichnet eine zunehmend flach verlaufende Rißfront ein sprödes Rißwachstum. Hier kann sehr deutlich die schädigende Wirkung des Wasserstoffs beobachtet werden, die aus einer zunehmenden Versprödung des Werkstoffs besteht. Die durch diese 3D-Simulation zusätzlich gewonnene Information über die Rißfrontabflachung kann bei der Bestimmung der maßgeblichen Modellparameter entscheidend sein. Es wäre vorstellbar, daß aus einer Auswertung der Rißfrontgeometrie nicht nur über die Höhe der zu erwartenden Wasserstoffkonzentration indirekt Schlußfolgerungen abgeleitet werden könnten, sondern insbesondere über die Kopplungsfaktoren, welche beispielsweise für eine Verminderung der interatomaren Bindungsfestigkeiten sorgen und damit direkt eine Versprödung beschreiben.

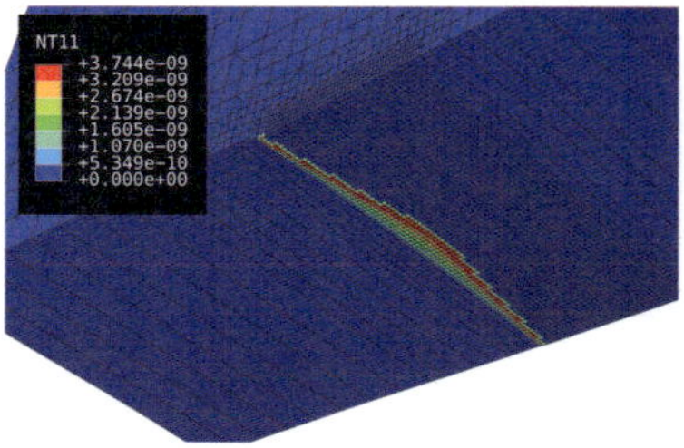

(a) räumliche Ansicht, Rißfrontkonzentration $C_\infty = 3,744 \cdot 10^{-9}\, mol/cm^3$

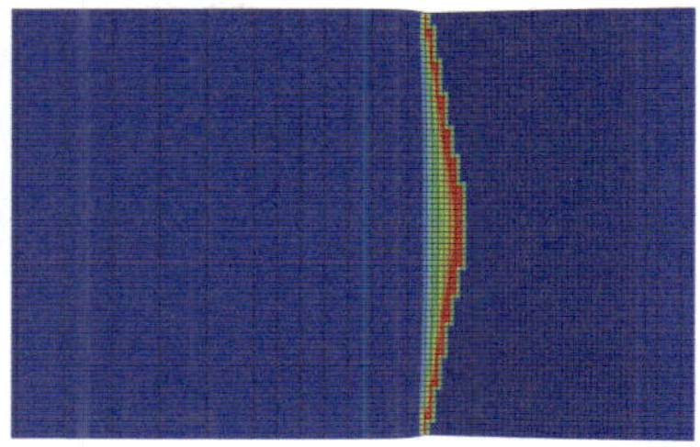

(b) Draufsicht

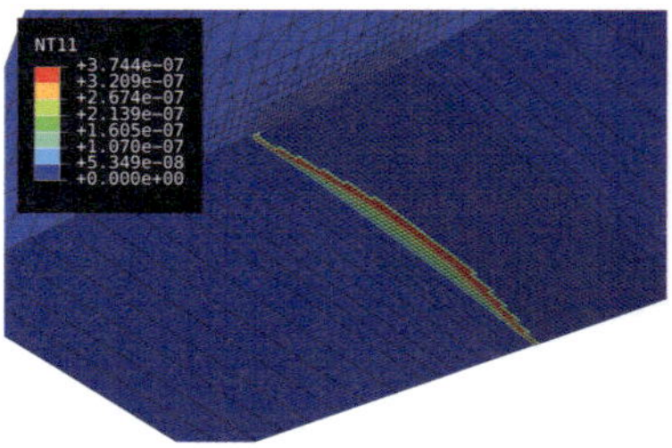

(c) räumliche Ansicht, Rißfrontkonzentration $C_\infty = 3,744 \cdot 10^{-7}\, mol/cm^3$

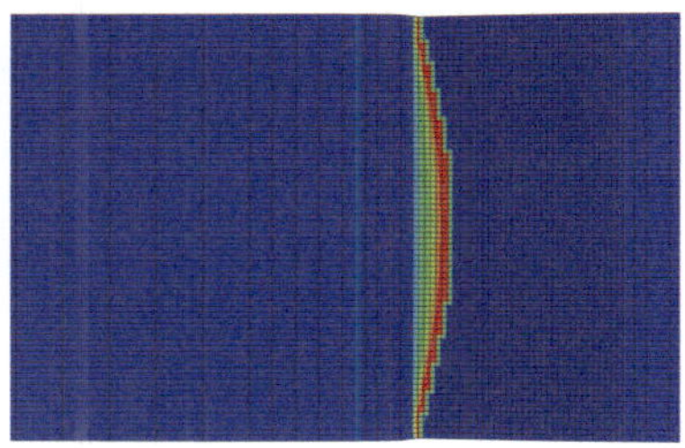

(d) Draufsicht

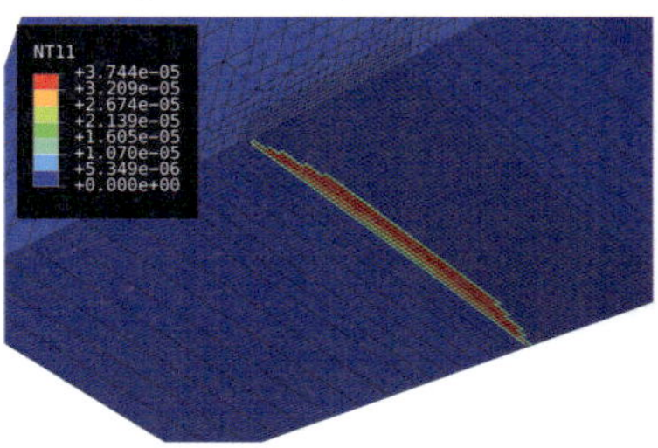

(e) räumliche Ansicht, Rißfrontkonzentration $C_\infty = 3,744 \cdot 10^{-5}\, mol/cm^3$

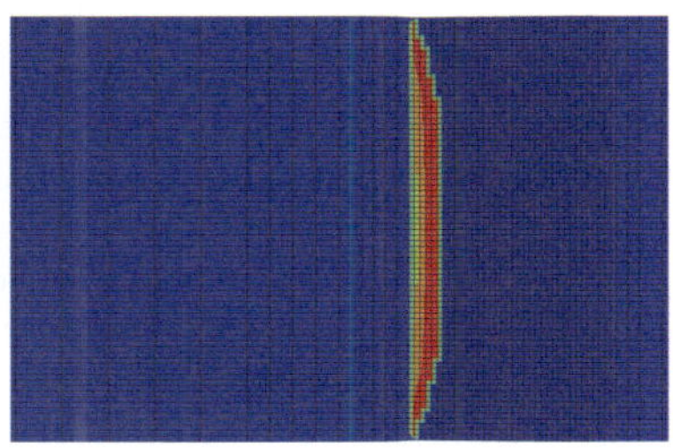

(f) Draufsicht

Abbildung 5.34: Rißfrontgeometrien und Verteilung des Gitterwasserstoffs in Abhängigkeit von der Höhe der Sättigungskonzentration C_∞ nach einem Rißwachstum von $\Delta a = 1\ mm$

5.6.2 Effekte infolge stofflich-mechanischer Kopplungen

Die stofflich-mechanische Kopplung, die aus Diffusionsprozessen in Dickenrichtung folgt, wird bezüglich der Auswirkungen auf das Rißwachstumsverhalten untersucht. Durch die Kopplungen mit den Verteilungen des hydrostatischen Druckes σ_h und der plastischen Deformation ε_p in Gl. (2.2.21) wird eine Interaktion mit den Diffusionsprozessen herbeigeführt.

Ein Wasserstofftransport in Richtung der Rißfront wird generiert, da sich dort das Maximum des hydrostatischen Druckes befindet, s. Abb. 5.35. Hier findet also eine erhöhte Ansammlung von Gitterwasserstoff statt.

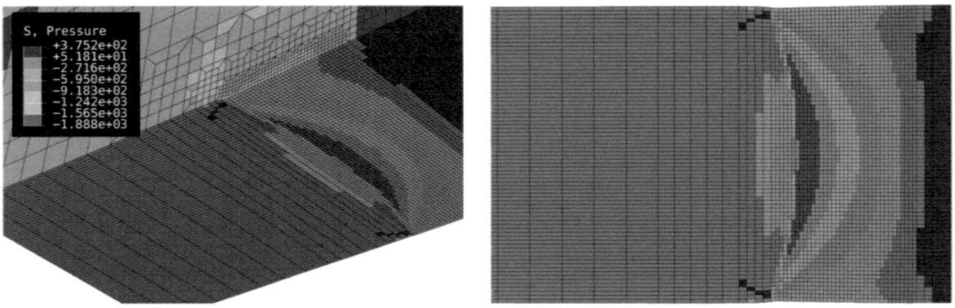

(a) räumliche Ansicht (b) Draufsicht

Abbildung 5.35: Verteilung des hydrostatischen Druckes nach einem Rißwachstum von $\Delta a = 1\ mm$

Die Verteilung des Haftstellenwasserstoffs über die Dickenrichtung wird mit Bezug auf die „invertierte Daumennagelform" der Rißfront, s. Abschnitt 4.1.4, ausgewertet. Die plastische Deformation variiert längs der Rißfront über die Probendicke und erreicht an den Probenrändern ein Maximum, s. Abb. 5.36. Dies führt zu einer Akkumulation von Haftstellenwasserstoff in den Randbereichen, s. Abb. 5.37(a) und 5.37(b). Daher ist dort mit einem besonders hohen Einfluß des HELP-Mechanismus zu rechnen.

Im Rahmen der vorliegenden Modellierung ist eine Simulation der von [Birnbaum et al., 1997] beschriebenen Scherlokalisierungen nicht erfolgt. Es wurde ausschließlich der Einfluß auf die lokale Fließgrenze phänomenologisch beschrieben. Unter der Annahme, daß das Phänomen der Scherlokalisierungen vorwiegend an den Probenrändern auftritt, ist dort ein verstärktes Rißwachstum vorstellbar und damit auch die beobachtete Invertierung der Daumennagelform.

Besteht, wie in dem vorliegenden Modell, eine direkte Proportionalität zwischen Materialdegradation und der Konzentration des Haftstellenwasserstoffs, so spielt die Haftstellenbindungsenthalpie, s. Gl. 2.2.7 und Tab. 2.2, eine dominierende Rolle. Aufgrund der Korrelation mit den im Werkstoff vorzufindenden Materialdefekten ist die Haftstellenbindungsenthalpie werkstoffabhängig und bestimmt daher eine werkstoffabhängige Konzentrationsverteilung des Haftstellenwasserstoffs in Dickenrichtung. Daher ist vor-

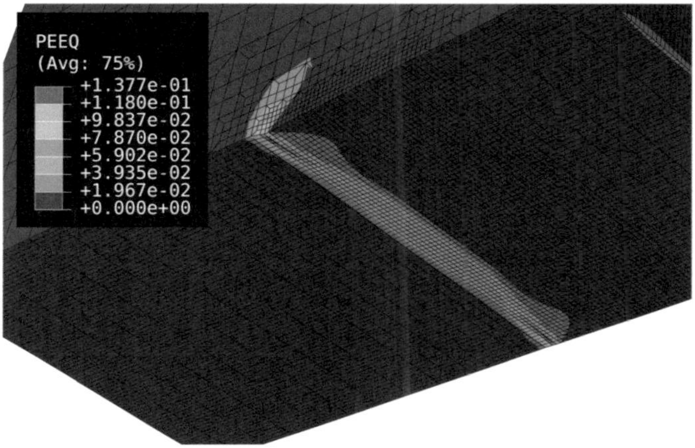

Abbildung 5.36: Akkumulierte plastische Vergleichsdehnung nach einem Rißwachstum von $\Delta a = 1\ mm$

stellbar, daß mit einer Modellierung der Scherlokalisierungen eine Beeinflussung der Rißfrontgeometrie durch den Wert der Haftstellenbindungsenthalpie beschreibbar wäre. Zusätzlich wäre vorstellbar, daß die in diesen Randbereichen ablaufenden Deformations- und Schädigungsprozesse, s. Abb. 5.36, zu einer Beschädigung der Oberflächenschicht führen, beispielsweise durch ein Aufreißen oder Abplatzen von Material. Ein dadurch

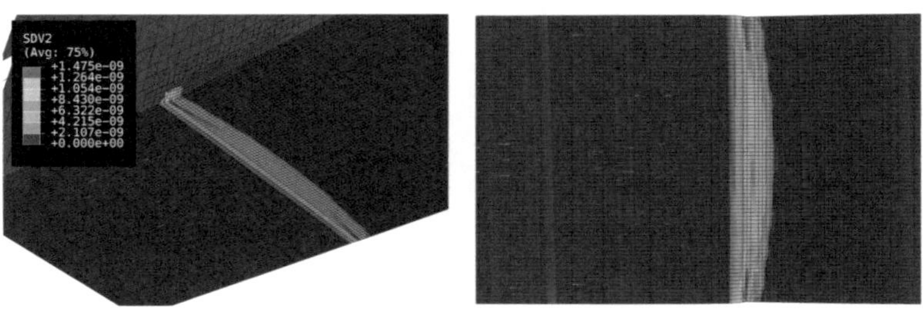

(a) räumliche Ansicht

(b) Draufsicht

Abbildung 5.37: Verteilung des Haftstellenwasserstoffs nach einem Rißwachstum von $\Delta a = 1\ mm$

verstärkter Zutritt von Wasserstoff über diese neu entstandenen Werkstoffoberflächen wäre mit Hilfe einer modifizierten Randbedingung, etwa über eine an die plastische Deformation gekoppelte Konzentrationsverteilung an den betreffenden Randelementen, denkbar. Die daraus resultierende zusätzliche Schädigung würde die Form der Rißfront verändern.

Kapitel 6

Zusammenfassung und Ausblick

„Die Korrosionsbeständigkeit beginnt am Reißbrett." - diese korrosionstechnische „Binsenweisheit" weist darauf hin, daß bereits konstruktive Lösungen die Grundlage für ein korrosionsbeständiges Bauteil darstellen [Lange, 2001]. Bei einem Korrosionsschaden besteht die Ursache meist nicht in der ungenügenden Korrosionsbeständigkeit des verwendeten Werkstoffs. Vielmehr sind konstruktive Mängel, eine falsche Werkstoffauswahl, Wartungsmängel oder die fehlerhafte Ver- bzw. Bearbeitung des Werkstoffs ausschlaggebend. Oftmals lassen sich optimale Lösungen nicht finden, beispielsweise ist kaum zu erwarten, daß für Offshore-Bauwerke eine konstruktive und ökonomisch vertretbare Lösung existiert, die die korrosiven Einflüsse der Meerwasseratmosphäre vollständig ausschließen kann. Die im Meer versenkten Bauteile erschweren die Zugänglichkeit für Wartungen aufgrund der Meerestiefe, um beispielsweise Bewuchs oder andere Schäden zu beseitigen. Auch die über der Meeresoberfläche liegenden Bauteile sind der salzhaltigen Umgebungsatmosphäre ausgesetzt und können an kritischen Stellen, in denen beispielsweise Korrosionsmedienströme stagnieren, sogenannten „Totwasserecken", korrodieren. Gerade bei solchen Konstruktionen wird oftmals durch einen begünstigten Wasserstoffzutritt eine Werkstoffschädigung durch wasserstoffinduzierte Spannungsrißkorrosion (wSpRK) herbeigeführt. Daher sind im Rahmen der Instandhaltungs- und Wartungsmaßnahmen Restfestigkeitsaussagen zu Strukturen, die bereits Defekte durch Risse aufweisen, notwendig. Beispielsweise stellen Rißwiderstandskurven eine Grundlage für solche Aussagen im Rahmen von Bewertungsprozeduren dar.

Zusammenfassung. Die vorliegende Arbeit beinhaltet zwei Schwerpunkte. Für das Rißwachstumsverhalten einer C(T)-Bruchmechanikprobe des betrachteten Werkstoffs FeE 690T unter Wasserstoffeinwirkung waren experimentelle CTOD-δ_5-Rißwiderstandskurven für die Abzugsgeschwindigkeiten $\dot{v}_{II,1} = 1\ \mu m/h$, $\dot{v}_{II,2} = 10\ \mu m/h$, $\dot{v}_{II,3} = 100\ \mu m/h$ vorhanden, s. Abschnitt 3.1. Der erste Schwerpunkt bestand in der Simulation des Rißwachstumsverhaltens für diese unterschiedlichen Abzugsgeschwindigkeiten, s. Abschnitt 4. Die Wechselwirkungen zwischen dem im Werkstoff gelösten Wasserstoff und den mechanischen Prozessen führten aufgrund der zeitabhängigen Diffusionsvorgänge zu einem Abfall des Rißwiderstandes mit sinkender Abzugsgeschwindigkeit, s. Abschnitt 5.1 und Abb. 5.2. Der zweite Schwerpunkt beinhaltete die Analyse der hier beteiligten Kopplungsphänomenologie, s. Abschnitt 5.2. Diese wurde anhand von R-Kurven und durch die Auswertung der beteiligten Feldgrößen durchgeführt. Es bestehen Kopplungen zwischen den Prozessen des Wasserstoffzutritts, s. Abschnitt 5.2.1, sowie -diffusion, s. Abschnitt 5.2.2, und den mechanischen Deformationen, s. Abschnitt 5.2.3, wie auch des Rißwachstums, s. Abschnitt 5.2.4. Experimentelle Ergebnisse zur Auswertung der Oberflächenkinetik und der wasserstoffbeeinflußten Deformation wurden herangezogen, s. Abschnitte 3.2 und 3.3. Eine Sensitivitätsstudie wurde in Abschnitt 5.3 durchgeführt, um den Einfluß der Modellparameter auf das Rißwachstumsverhalten zu untersuchen. Das Modell konnte Spannungsintensitätsfaktoren für die Rißinitiierung unter Wasserstoffeinwirkung berechnen, s. Abschnitt 5.5.1. Mit Hilfe von eingeführten Reduktionsfaktoren wurden überschlägige Simulationen ohne Wasserstoffdiffusion zur Ermittlung eines unteren Grenzwertes des Spannungsintensitätsfaktors durchgeführt, s. Abschnitt 5.5.2. Ein Einwirken des Wasserstoffs auf den Verlauf der Rißfront und weitere Effekte infolge der Diffusion in Dickenrichtung wurden in einer 3D-Simulation thematisiert, s. Abschnitt 5.6.

Das Zusammenwirken von atomaren Wasserstoff, der in den Werkstoff eindringt und anschließend diffundiert, mit den mechanischen Deformationsprozessen sowie dem Rißwachstum ist an der Rißspitze, wo Spannungen und Verzerrungen maximale Werte erreichen, besonders ausgeprägt. Ein verstärkt einsetzender Wasserstofftransport in Richtung der Bereiche hoher hydrostatischer Spannung wird durch mechanische Terme in der Diffusionsbeschreibung hervorgerufen. Hierbei handelt es sich um den sogenannten Gitterwasserstoff, der auf interstitiellen Gitterplätzen gelöst ist. Er wird vom Haftstellenwasserstoff unterschieden, der an Materialfehlstellen immobilisiert und damit der Gitterdiffusion entzogen wird. Die hier bestehende Kopplung bewirkt eine Ansammlung von Haftstellenwasserstoff in Bereichen hoher plastischer Deformation. Umgekehrt bewirkt der gelöste Wasserstoff eine Degradation des Werkstoffs durch eine Verminderung der Kohäsivfestigkeit sowie der lokalen Fließgrenze.

Wasserstoffinduzierte Spannungsrißkorrosion führt zu einem stark verminderten Rißwiderstand, einer damit verbundenen verfrüht eintretenden Rißinitiierung und einem beschleunigtem Rißwachstum. Besonders kritisch ist ein ebenfalls verfrüht eintretender Übergang zum instabilen Rißwachstum zu bewerten, der letztendlich die größte Gefahr dieser Materialdegradation darstellt. Bei einem starken Ausmaß der wSpRK kann das instabile Rißwachstum unmittelbar der Rißinitiierungsphase folgen, so daß das Versagen eines Bauteils innerhalb eines Inspektionsintervalls unerkannt bleibt. Sind begleitende Schadensindikatoren, wie beispielsweise Korrosionsrückstände, zusätzlich noch konstruktiv verdeckt, erfolgt der Schadenseintritt vollkommen unerwartet.

Auswertung. Die *Wasserstoffaufnahme* wurde durch ein Chemisorptionsmodell beschrieben, die *Wasserstoffdiffusion* durch eine erweiterte Diffusionsgleichung, die mechanische Einflüsse beinhaltet. Durch die Modellierung der oberflächenkinetischen Prozesse konnten bislang unberücksichtigte Sachverhalte miteinbezogen werden. Es wurde in [Juilfs, 2001] gezeigt, daß Deckschichten den Wasserstoffzutritt reduzieren können und somit den an der Rißspitze aufgenommenen Wasserstoff bestimmen. Daraus resultiert ein zeitabhängiger Konzentrationsaufbau, der mit einer proportional wachsenden Schädigung verbunden ist, s. Abb. 5.3. Dieser Einfluß erklärt eine bei Rißinitiierung unterschiedliche Rißspitzenverschiebung unter den verschiedenen Abzugsgeschwindigkeiten $\dot{v}_{II,1}$, $\dot{v}_{II,2}$ und $\dot{v}_{II,3}$, die ohne dieses Modell nicht abbildbar wären, s. Abb. 5.4. Die erweiterte Diffusionsgleichung beinhaltet den „trapping"-Mechanismus der Wasserstoffdiffusion, s. Abschnitt 5.2.2.2. Durch Materialfehlstellen werden Wasserstoffatome aus ihren Gittertransportvorgängen „weggefangen", was sich durch einen verminderten Gitterdiffusionskoeffizienten bemerkbar macht und damit entscheidend die zeitabhängige Wasserstoffverteilung beeinflußt. Weiterhin enthält der Transportterm der Diffusionsgleichung den mechanischen Druckgradienten. Dieser führt zu einem verstärkten Wasserstofftransport in Bereiche hoher hydrostatischer Spannungszustände, s. Abb. 5.5. Die im Diffusionsmodell unterschiedenen Wasserstoffzustände verursachen unterschiedliche Degradationsmechanismen im Werkstoff. Der Gitterwasserstoff führt zu einer Herabsetzung der interatomaren Bindungsfestigkeit, während bei der Modifikation des plastischen Werkstoffverhaltens ergänzend zum Gitterwasserstoff der Haftstellenwasserstoff wirksam wird. Die *Deformationsprozesse* werden zur Beschreibung der Materialdegradation genauso wie die *Rißwachstumsprozesse* folgendermaßen durch den atomaren Wasserstoff beeinflußt. Zu dessen Beschreibung kommen zwei etablierte Mechanismen zum Einsatz. Der HELP-Mechanismus beschränkt sich auf die Modellierung der Deformation unter Wasserstoffeinwirkung, s. Abschnitt 2.3. Der HEDE-Mechanismus beschreibt den Einfluß von Wasserstoff auf das Rißwachstum, s. Abschnitt 2.4. Aufgrund der kontroversen Diskussion über die durch den Wasserstoff hervorgerufenen Schädigungsprozesse war eine Studie der Auswirkungen des HELP- sowie des HEDE-Modells auf das Rißwachstumsverhalten besonders interessant und führte zu folgendem Ergebnis. Während die typischen Merkmale einer Wasserstoffversprödung durch das HEDE-Modell wiedergegeben werden konnten, waren die durch das HELP-Modell erzielten Auswirkungen hiermit zunächst nicht vereinbar. Das HEDE-Modell bewirkte durch ein Herabsetzen der Kohäsivfestigkeit im Kohäsivzonenmodell einen Duktilitätsabfall, der zu einer geringeren mechanischen Verformung und einem beschleunigtem Rißwachstum führte, s. Abschnitt 5.2.4.1. Die Verminderung der Fließgrenze durch das HELP-Modell bewirkt eine Zunahme der plastischen Deformation und damit einen Duktilitätsanstieg - zunächst ein Widerspruch zur Versprödung. Deshalb ist das HELP-Modell nicht in der Lage, als alleiniger Degradationsmechanismus die Merkmale einer wasserstoffinduzierten Spannungsrißkorrosion zu beschreiben, sondern nur in Interaktion mit dem HEDE-Modell, s. Abschnitt 5.2.4.2. Hier zeigt sich, daß gerade in hochfesten Werkstoffen, die keine Hydridbildung aufweisen, HEDE der überwiegend zur Schädigung beitragende Mechanismus zu sein scheint [Oriani, 1972]. Ebenfalls ist das Ergebnis von [Delafosse, 2001] in diesen Zusammenhang einzuordnen, der zum Schluß kam, daß der HEDE- und der HELP-Mechanismus gleichzeitig den Werkstoff degradieren, hierbei jedoch für ferritische Stähle überwiegend der HEDE-Mechanismus wirksam wird, im Gegensatz zu austenitischen Stählen, die hauptsächlich durch den HELP-Mechanismus degradiert werden. Ausgehend von experimentellen Ergebnissen, die zur Etablierung des HELP-Modells geführt haben, ist davon auszugehen, daß die Anwendung des Modells physikalisch gerechtfertigt ist und einen mikrophysikalischen Vorgang beschreibt, der zunächst keine Versprödungsmerkmale abbilden kann. Darüberhinaus wurden die Auswirkungen des Wasserstoffs auf die Fließgrenze in eigenen experimentellen Untersuchungen nachgewiesen, s. Abschnitt 3.3. Erst in Verbindung mit der Bildung von Scherlokalisierungen können auch Versprödungserscheinungen beschrieben werden. Eine

Modellierung dieser Scherlokalisierungen ist in der vorliegenden Arbeit jedoch nicht erfolgt, sondern ausschließlich der Einfluß auf die lokale Fließgrenze. Eine in Abschnitt 4.1.4 beschriebene Veränderung der Rißfront kann durch das HELP-Modell unter bestimmten Voraussetzungen erklärt werden. Hier zeigte sich, daß infolge der plastischen Deformation an den Rändern der Probe eine Akkumulation von Haftstellenwasserstoff erfolgt. Unter der Annahme, daß der Haftstellenwasserstoff die Bildung von Scherlokalisierungen begünstigt, kann eine Veränderung der Rißfrontgeometrie beschrieben werden, die aus einem von den Probenrändern ausgehenden verstärktem Rißwachstum besteht.

Die Degradationseffekte infolge des HELP- und des HEDE-Mechanismus treten an unterschiedlichen Orten verschieden stark hervor. Während der HEDE-Mechanismus stets an der momentanen Rißspitze verstärkt auftritt, wo er die lokale Kohäsivfestigkeit vermindert - resultierend in einem früher eintretenden Rißwachstum -, beeinflußt der HELP-Mechanismus die gesamte mit Wasserstoff in Verbindung stehende Struktur, besonders in den Bereichen hoher plastischer Deformation. Daher wird der HEDE-Mechanismus größtenteils durch den ersten zeitabhängigen Schritt des Wasserstoffzutritts, modelliert durch das Chemisorptionsmodell an der Rißspitze, kontrolliert. Der zweite Schritt besteht aus der zeitabhängigen Wasserstoffdiffusion, die von der Rißspitze ausgeht. Daher wirken sowohl der HELP- als auch der HEDE-Mechanismus in der verbleibenden Struktur zeitlich verzögert.

Bereits 2D-Simulationen erlauben umfangreiche Studien und liefern R-Kurven sowie Kraft-Verformungskurven. Ergänzende 3D-Simulationen sind mit erheblich höherem Rechen- und Datenaufwand verbunden. Hierbei können durch Konzentrationsprofile in Dickenrichtung herbeigeführte Effekte untersucht werden. Während der Gitterwasserstoff der in Dickenmitte auftretenden größten hydrostatischen Spannung folgt, akkumuliert der Haftstellenwasserstoff überwiegend an den Rändern der Probe, wo eine hohe plastische Deformation auftritt. Daher teilt sich die Wirkung lokal auf. Der Gitterwasserstoff bewirkt durch den HEDE-Mechanismus ein „Abflachen“ der Rißfront, s. Abb. 5.34. Durch die beschriebene Wirkung des Haftstellenwasserstoffs auf die Bildung von Scherlokalisierungen ist ein einsetzendes Rißwachstum an den Rändern der Probe vorstellbar.

Aufgrund der Komplexität des Modells mußte eine Anwendungsstrategie erarbeitet werden, die die einzuhaltenden Schritte regelt, s. Abschnitt 4.3. Die Güte der Simulation hängt stark von der zur Verfügung stehenden Datenbasis ab. Spezielle Größen der Diffusionskinetik müssen durch Experimente bestimmt oder der Literatur entnommen werden. Beispielsweise werden Beziehungen zwischen plastischer Deformation und Haftstellen benötigt oder Haftstellenbindungsenthalpien. Die Auswirkungen des Wasserstoffs auf das mechanische Verhalten sind ebenfalls durch Experimente zu ermitteln, wie beispielsweise der Einfluß auf die lokale Fließgrenze oder auf das Rißwachstum. Weitere Modellparameter sind spezifisch für das konstitutive Modell und werden durch eine Anpassung der Simulationsergebnisse an experimentelle R-Kurven durch Optimierungsverfahren bestimmt. Daher besteht eine große Schwäche dieses Modells in der Notwendigkeit einer umfangreichen Datenbasis. Dieser Aufwand ist vertretbar, wenn nach umfangreichen experimentellen

Vorarbeiten ausschließlich Simulationen anwendbar und weitere experimentelle Untersuchungen mit unterschiedlichen Randbedingungen überflüssig wären. Solche Bedingungen sind bei weit verbreiteten Konstruktionswerkstoffen anzutreffen, die für unterschiedlichste Zwecke eingesetzt werden.

Ausblick. Das in der vorliegenden Arbeit verwendete Modell beschreibt die Wechselwirkungen zwischen Wasserstoff und Werkstoff in einem material- und prozeßspezifischen Zusammenhang. Ein Werkstoff weist über seine elementare Gitterstruktur hinausgehend, abhängig von seiner Herstellung und Verarbeitung, eine spezielle Verteilung von Materialdefekten auf. Ebenfalls unterschiedlich läuft die Bildung einer Deckschicht ab, die daraus folgenden Deckschichteinflüsse sind für die Formulierung des Wasserstoffzutritts maßgeblich. Die Verteilung von Materialdefekten und der damit verbundenen Haftstellen sind für die Transportvorgänge von Bedeutung. Weitere Effekte, wie beispielsweise die Bildung von Metallhydriden, können darüberhinaus die Diffusions- und Chemisorptionsprozesse entscheidend beeinflussen. Eine Anwendung des Modells auf andere gegen wSpRK anfällige Metalle setzt eine Klärung der mikrophysikalischen Zusammenhänge voraus, was mit einem beachtlichem Aufwand an experimenteller Analytik verbunden ist. Zu ermitteln sind beispielsweise die Chemisorptionsparameter, die Haftstellenbindungsenthalpie, der Zusammenhang zwischen plastischer Deformation und Haftstellendichte, der Einfluß des Wasserstoffs auf die Kohäsivfestigkeit oder auch die ver- bzw. entfestigende Wirkung des Wasserstoffs auf das plastische Fließen. Entsprechend ist die in der vorliegenden Arbeit vorgestellte Parameteridentifikationsstrategie bei Anwendung auf andere Werkstoffe zu erweitern.

Die Beschreibung der Wasserstofftransportvorgänge durch die erweiterte Diffusionsgleichung stellt ein auf phänomenologischen Annahmen begründetes Modell dar. Demzufolge sind spezielle Zusammenhänge nicht abbildbar die bei anderen Korrosionssystemen auftreten. Die Diffusionsgleichung wäre in diesem Falle durch zusätzliche Glieder im chemischen Potential, beispielsweise verursacht durch Phasenübergänge oder chemische Reaktionen, zu erweitern. Auch das Einbeziehen ganz anderer Diffusionsmechanismen, die beispielsweise auf quantenmechanische Vorgänge zurückgreifen, ist denkbar.

Das Modell unterliegt durch die Vielzahl der Parameter der Gefahr, als „anwenderunfreundlich" bewertet zu werden. Gerade aus diesem Grunde ist zu untersuchen, inwieweit eine pragmatischere Herangehensweise gerechtfertigt sein könnte. So ist eine möglichst genaue Abbildung der physikalischen Vorgänge mit der Aussagegüte der Simulationen zu vergleichen und abzuwägen, wann eine noch detailliertere Auflösung der modellierten Prozesse keinen meßbaren Nutzen mehr ergibt. Hinsichtlich der praktischen Anwendbarkeit der Simulation zur überschlägigen Ermittlung von Kenngrößen wurden einige Vorschläge in der vorliegenden Arbeit gemacht. Eine weitergehende Verfolgung dieser Idee ist besonders für Abschätzungen zweckmäßig, die beispielsweise nicht nur für Laborversuche hilfreich sind, sondern auch für Bauteilbewertungen ihre Anwendung finden können.

In diesem Zusammenhang ist ebenfalls der Ansatz weiterzuverfolgen, den Rechenaufwand der Simulationen möglichst gering zu halten. Diese Bestrebungen kollidieren mit den umfangreichen Versuchsdauern unter sehr geringen Abzugsgeschwindigkeiten, die mit diesem Modell abgebildet werden sollen. Bereits 2D-Simulationen benötigen teilweise mehrere Tage, beim Übergang auf eine 3D-Simulation steigt neben der Rechenzeit zusätzlich der Datenumfang signifikant an. Hier existieren noch Verbesserungspotentiale, die beispielsweise aus einer effizienteren Strukturierung der Simulation oder auch einer Modifikation der Algorithmen bestünden.

Die Bildung von Scherlokalisierungen wurde in dieser Simulation nicht modelliert. Das HELP-Modell beschreibt diese Schädigungsform, die zusammen mit der wasserstoffinduzierten Entfestigung zu einer makroskopisch in Erscheinung tretenden Versprödung führen kann. Hierbei geht man davon aus, daß Haftstellenwasserstoff eine Bildung von Scherlokalisierungen begünstigt. Eine Berücksichtigung dieser Thematik wäre in der Lage, zusätzliche Auswirkungen des Wasserstoffs zu beschreiben, hierbei könnte ein aufgrund der Ansammlung von Haftstellenwasserstoff an den Probenrändern verstärktes Rißwachstum modelliert werden, das eine Veränderung der Rißfrontgeometrie erklären würde.

Die Kopplungsphänomenologie, die zwischen Wasserstoff und Werkstoff besteht, kann mit den in der vorliegenden Arbeit herangezogenen Modellen zur Simulation des Rißwachstums hinreichend gut erfaßt werden. Daraus folgt keinesfalls, daß es sich hierbei um eine erschöpfende Abbildung der tatsächlich ablaufenden Prozesse handelt. Ganz im Gegenteil ist davon auszugehen, daß mikrophysikalische Vorgänge stattfinden, die mit diesem phänomenologischen Modell nicht erfaßt werden. Eine weitergehende Untersuchung der Interaktionsmechanismen sowie der Relevanz dieser Vorgänge für die Erweiterung der bereits bekannten Kopplungsphänomenologie erscheint gerade aus diesem Grunde vielversprechend und würde einem tiefergehenden Verständnis der wasserstoffinduzierten Spannungsrißkorrosion zuträglich sein.

Danksagung

Die vorliegende Arbeit entstand im Rahmen meiner Tätigkeit als wissenschaftlicher Mitarbeiter der Christian-Albrechts-Universität zu Kiel mit Dienstsitz am GKSS-Forschungszentrum Geesthacht im Zeitraum 04/2007 bis 03/2010.

Der Autor dankt folgenden Personen und Organisationen:

- Herrn Prof. Dr.-Ing. W. Brocks, für die Anregung und wissenschaftliche Betreuung dieser Arbeit. Sein mir entgegengebrachtes Vertrauen und sein thematischer Überblick trugen entscheidend zum Gelingen dieser Arbeit bei.
- Herrn Dr.-Ing. I. Scheider für die Unterstützung hinsichtlich des Kohäsivzonenmodells und seine stets für Fragen und Diskussionen offene Tür.
- Herrn Dr.-Ing. W. Dietzel für die Bereitstellung der experimentellen Datenbasis sowie für die Unterstützung bei den experimentellen Versuchen.
- Herrn Prof. Dr. rer. nat. F. Faupel als Vorsitzenden des Promotionsausschusses.
- Herrn Prof. Dr. rer. nat. H. Föll für die Bereitschaft zur Übernahme des Koreferates.
- Herrn Prof. Dr. C. Thaulow, Norwegian University of Science and Technology, für die Bereitschaft zur Übernahme des Drittgutachtens.
- Herrn Prof. Dr. rer. nat. K. Rätzke für die Bereitschaft zur Mitwirkung in der Prüfungskommission.
- Herrn Dipl.-Ing. U. Burmester und Herrn Dipl.-Ing. V. Heitmann für die Unterstützung bei den experimentellen Versuchsdurchführungen.
- Herrn Dipl.-Phys. P. Anuschewski und Herrn Dr.-Ing S. Ertürk für eine angenehme Büroatmosphäre und lebhafte Diskussionen.
- allen Kollegen der Abteilungen WMS und WZK, die durch Ihre Zusammenarbeit zum Gelingen dieser Arbeit beigetragen haben.
- der Deutschen Forschungsgemeinschaft (DFG) für ihre finanzielle Unterstützung des Projektes Br 521/14-1.
- dem GKSS Forschungszentrum und der Christian-Albrechts-Universität zu Kiel für die Bereitstellung der Rechner- und Versuchskapazitäten.

Anhang A

Sorption von Wasserstoff bei kathodischer Polarisation

Zu Zwecken des Korrosionsschutzes wird oftmals ein elektrisches Potential an ein Bauteil angelegt, um die elektrolytische Auflösung von Stahlwerkstoffen zu vermeiden. Bei Überschreitung eines gewissen Grenzpotentials kann atomarer Wasserstoff gemäß der Reaktionsgleichungen

$$2H^+ + 2e^- \rightarrow H_2 \tag{A.0.1}$$

$$2H_2O + 2e^- \rightarrow H_2 + 2OH^- \tag{A.0.2}$$

entstehen. Hinsichtlich der Elektrodenkinetik laufen folgende Reaktionen ab:

Volmer-Tafel-Mechanismus. Das Elektrolyt nimmt ein Elektron des Metalls auf, anschließend reagiert es mit dem Proton (Volmer-Reaktion). In der nachgelagerten Reaktion entsteht gasförmiger Wasserstoff (Tafel-Reaktion), der kovalent gebunden ist.

$$H^+ + e^- + Fe \rightarrow Fe\text{-}H_{ad} \qquad \text{Volmer-Reaktion} \tag{A.0.3}$$

$$Fe\text{-}H_{ad} + Fe\text{-}H_{ad} \rightarrow H_2 + 2Fe \qquad \text{Tafel-Reaktion} \tag{A.0.4}$$

In alkalischen Lösungen ist eine Modifikation der Volmer-Reaktion erforderlich.

$$H_2O + e^- + Fe \rightarrow Fe\text{-}H_{ad} + OH^- \tag{A.0.5}$$

Volmer-Heyrowski-Mechanismus. Hierbei erfolgt als auf die Volmer-Reaktion nachgelagerte Reaktion der Übergang eines solvatisierten Protons auf ein bereits adsorbiertes Wasserstoffatom.

$$H^+ + e^- + Fe \rightarrow Fe\text{-}H_{ad} \qquad \text{Volmer-Reaktion} \tag{A.0.6}$$

$$H^+ + Fe\text{-}H_{ad} + e^- \rightarrow H_2 + Fe \qquad \text{Heyrowsky-Reaktion} \tag{A.0.7}$$

In alkalischen Lösungen ist eine Modifikation der Volmer-Reaktion erforderlich.

$$H_2O + e^- + Fe\text{-}H_{ad} \rightarrow H_2 + Fe + OH^- \qquad \text{(A.0.8)}$$

Der infolge des Volmer-Tafel- bzw. Volmer-Heyrowski-Mechanismus entstehende gasförmige Wasserstoff liegt allerdings nur an der Oberfläche des Werkstoffs vor. Die Absorption des adsorbierten Wasserstoffs wird als gleichzeitig stattfindende Konkurrenzreaktion

$$H^+ + e^- + Fe \rightarrow Fe\text{-}H_{ad} \qquad \text{Volmer-Reaktion} \qquad \text{(A.0.9)}$$

$$Fe\text{-}H_{ad} \leftrightarrow H_{ab} + Fe \qquad \text{Absorptionsreaktion} \qquad \text{(A.0.10)}$$

eingestuft. Durch den Einsatz von Promotoren wie beispielsweise H_2S, HCN, As_2O_3, CO, CO_2 wird die Rekombination des adsorbierten Wasserstoffs erschwert und damit die Absorption begünstigt.

	c	Eingabewerte			
		$[mol\ (H)/mol\ (Fe)]$	$[m^3\ (H)/m^3\ (Fe)]$	$[ppm-wt]$	$[mol\ (H)/cm^3\ (Fe)]$
Ausgabewerte	$[mol\ (H)/mol\ (Fe)]$	1	$6,344 \cdot 10^{-4}$	$55,41 \cdot 10^{-6}$	$7,114$
	$[m^3\ (H)/m^3\ (Fe)]$	$1576,4$	1	$0,08734$	$11214,3$
	$[ppm-wt]$	$1,80 \cdot 10^4$	$11,45$	1	$1,284 \cdot 10^5$
	$[mol\ (H)/cm^3\ (Fe)]$	$0,1405$	$0,08917 \cdot 10^{-3}$	$7,788 \cdot 10^{-6}$	1

Tabelle A.1: Umrechnungstabelle

Anhang B

Auswertung des Eigenwertproblems im Chemisorptionsmodell

Den umfangreichsten Aufwand für die Implementierung des Chemisorptionsmodells verursachte Gl. (2.1.20). Diese Eigenwertgleichung besitzt mehrere Nullstellen und muß aufgrund Ihrer Nichtlinearität numerisch gelöst werden. Zunächst werden einheitenlose Größen eingeführt und die Gleichung in eine dimensionslose Formulierung überführt

$$\tan(\lambda_m L) = \frac{2kD\lambda_m}{D^2\lambda_m^2 - k^2} = \frac{2\left(\frac{kL}{D}\right)(\lambda_m L)}{(\lambda_m L)^2 - \left(\frac{kL}{D}\right)^2}. \tag{B.0.1}$$

Unter Verwendung der Zusammenhänge

$$\Phi = \frac{kL}{D} \tag{B.0.2}$$

$$\Gamma_m = \lambda_m L \tag{B.0.3}$$

läßt sich Gl. (B.0.1) folgendermaßen schreiben

$$\tan(\Gamma_m) = 2\Phi \frac{\Gamma_m}{(\Gamma_m - \Phi)(\Gamma_m + \Phi)}, \tag{B.0.4}$$

womit gleichzeitig die Polstellen als $\Gamma_m = \pm\Phi$ bekannt sind. Die grafische Darstellung der linken und rechten Seite der Gl. (B.0.4) ist in Abb. B.1 abgedruckt. Die linke Seite von Gl. (B.0.4) beschreibt die gewöhnliche Tangensfunktion, dargestellt als y_1, die rechte Seite eine Hyperbelfunktion, dargestellt als y_2. Die Schnittpunkte beider Funktionen sind die Lösungen des Eigenwertproblems. Im Bereich der Polstelle entfernen sich die Schnittpunkte von der Ordinate, in hinreichender Entfernung liegen aufgrund des asymptotischen Verlaufs der Hyperbelfunktion die Schnittpunkte in unmittelbarer Nähe der Ordinate. Zur Lösung des Problems wird ein Newton-Raphson-Schema angewendet, das das Fixpunktproblem im jeweiligen Intervall der Tangens-Funktion löst. Die Fixpunktgleichung

$$(\Gamma_m)_{n+1} = (\Gamma_m)_n - \frac{\tan(\Gamma_m)_n - 2\Phi\frac{(\Gamma_m)_n}{((\Gamma_m)_n - \Phi)((\Gamma_m)_n + \Phi)}}{\tan^2(\Gamma_m)_n + 2\Phi\frac{(\Gamma_m)_n^2 + \Phi^2}{[((\Gamma_m)_n - \Phi)((\Gamma_m)_n + \Phi))]^2} + 1} \tag{B.0.5}$$

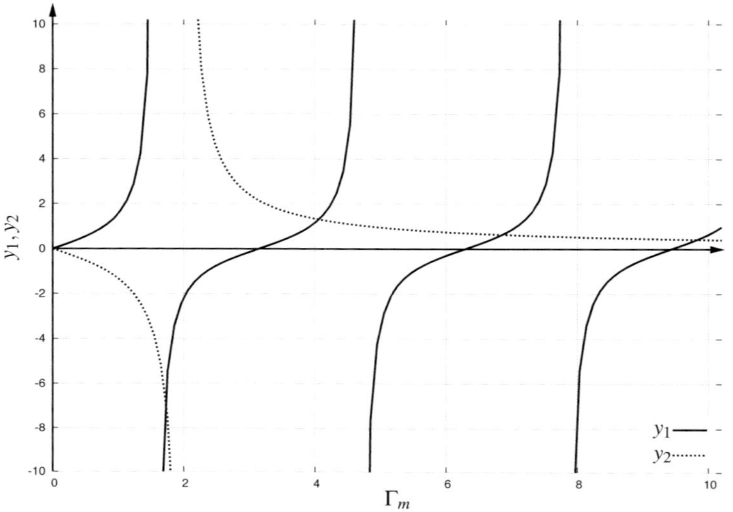

Abbildung B.1: Grafische Darstellung des Eigenwertproblems: $y_1 = \tan(\Gamma_m)$, $y_2 = 2\Phi\Gamma_m/[(\Gamma_m - \Phi)(\Gamma_m + \Phi)]$ für $\Gamma_m/\Phi = 2,0$

wird in den Intervallen $\Gamma_m = (\frac{1}{2} + n)\pi$ iterativ gelöst, so daß am Ende n Eigenwerte vorliegen. Diese Eigenwerte werden dann für Gl. (2.1.18) und Gl. (2.1.23) verwendet.

Anhang C

Penalty-Methode zur Applikation der Randbedingung

Gleichungssystem

Gegeben sei das Gleichungssystem

$$Ax = b \tag{C.0.1}$$

bestehend aus

$$A = \begin{bmatrix} a_{11} & a_{12} \\ a_{21} & a_{22} \end{bmatrix} \qquad b = \begin{bmatrix} b_1 \\ b_2 \end{bmatrix} \qquad x = \begin{bmatrix} x_1 \\ x_2 \end{bmatrix}. \tag{C.0.2}$$

Für dieses System soll b_1 den Wert α annehmen, beispielsweise als Randbedingung.

Anbringen einer Zwangsbedingung

Für eine Zwangsbedingung an der Stelle 1 wird mit der Zielsetzung der Erzeugung einer numerischen Null vorgegangen. Dies geschieht, indem auf das entsprechende Diagonalelement a_{11} eine besonders große Zahl addiert wird.

$$\begin{bmatrix} \hat{a}_{11} & a_{12} \\ a_{21} & a_{22} \end{bmatrix} \begin{bmatrix} b_1 \\ b_2 \end{bmatrix} = \begin{bmatrix} x_1 \\ x_2 \end{bmatrix} \qquad \text{mit} \qquad \hat{a}_{11} = a_{11} + 10^{15} \tag{C.0.3}$$

ergibt bei Inversion

$$\begin{bmatrix} b_1 \\ b_2 \end{bmatrix} = \frac{1}{\hat{a}_{11}a_{22} - a_{12}a_{21}} \begin{bmatrix} a_{22} & -a_{12} \\ -a_{21} & \hat{a}_{11} \end{bmatrix} \begin{bmatrix} x_1 \\ x_2 \end{bmatrix}. \tag{C.0.4}$$

Unter der Annahme, daß nun $\hat{a}_{11}$ erheblich größer als die anderen Matrixelemente sind, ist es möglich, den folgenden Zusammenhang zu untersuchen

$$\begin{bmatrix} b_1 \\ b_2 \end{bmatrix} \approx \frac{1}{\hat{a}_{11}} \begin{bmatrix} a_{22} & -a_{12} \\ -a_{21} & \hat{a}_{11} \end{bmatrix} \begin{bmatrix} x_1 \\ x_2 \end{bmatrix} \approx \begin{bmatrix} +10^{-15} & -10^{-15} \\ -10^{-15} & \hat{a}_{11}/det\hat{A} \end{bmatrix} \begin{bmatrix} x_1 \\ x_2 \end{bmatrix}. \tag{C.0.5}$$

Die Auswertung ergibt $b_1 \approx 0$ sowie $b_2 = [\hat{a}_{11}/(\hat{a}_{11}a_{22} - a_{12}a_{21})]\, x_2 \approx [1/a_{22}]\, x_2$.

Applikation eines Wertes

Darüberhinaus soll jetzt der Fall untersucht werden, für den bei b_1 ein konkreter Wert α appliziert werden soll.

$$\begin{bmatrix} a_{11} & a_{12} \\ a_{21} & a_{22} \end{bmatrix} \begin{bmatrix} b_1 \\ b_2 \end{bmatrix} = \begin{bmatrix} a_{11} & a_{12} \\ a_{21} & a_{22} \end{bmatrix} \begin{bmatrix} 0+\alpha \\ b_2+0 \end{bmatrix} \tag{C.0.6}$$

$$= \begin{bmatrix} (0+\alpha)a_{11} + (b_2+0)a_{12} \\ (0+\alpha)a_{21} + (b_2+0)a_{22} \end{bmatrix} \tag{C.0.7}$$

$$= \begin{bmatrix} 0 \cdot a_{11} + b_2 a_{12} \\ 0 \cdot a_{21} + b_2 a_{22} \end{bmatrix} + \begin{bmatrix} \alpha a_{11} + 0 \cdot a_{12} \\ \alpha a_{21} + 0 \cdot a_{22} \end{bmatrix} \tag{C.0.8}$$

$$= \begin{bmatrix} a_{11} & a_{12} \\ a_{21} & a_{22} \end{bmatrix} \begin{bmatrix} 0 \\ b_2 \end{bmatrix} + \alpha \begin{bmatrix} a_{11} \\ a_{21} \end{bmatrix} \tag{C.0.9}$$

$$\approx \begin{bmatrix} \hat{a}_{11} & a_{12} \\ a_{21} & a_{22} \end{bmatrix} \begin{bmatrix} b_1 \\ b_2 \end{bmatrix} + \alpha \begin{bmatrix} a_{11} \\ a_{21} \end{bmatrix} = \begin{bmatrix} x_1 \\ x_2 \end{bmatrix} \tag{C.0.10}$$

Somit ergibt sich letztendlich das Gleichungssystem

$$\begin{bmatrix} \hat{a}_{11} & a_{12} \\ a_{21} & a_{22} \end{bmatrix} \begin{bmatrix} b_1 \\ b_2 \end{bmatrix} = \begin{bmatrix} x_1 \\ x_2 \end{bmatrix} - \alpha \begin{bmatrix} a_{11} \\ a_{21} \end{bmatrix}. \tag{C.0.11}$$

Berechnung der zugehörigen rechten Seite

In Gleichung (C.0.9) ist zu erkennen, daß im Nachgang eine Ermittlung von x_1 möglich ist, in dem die erste Zeile des Gleichungssystems

$$\begin{bmatrix} x_1 \\ x_2 \end{bmatrix} = \begin{bmatrix} a_{11} & a_{12} \\ a_{21} & a_{22} \end{bmatrix} \begin{bmatrix} \alpha \\ b_2 \end{bmatrix} \tag{C.0.12}$$

zu $x_1 = a_{11}\alpha + a_{12}b_2$ ausgewertet wird; b_2 ist der Lösung des Gleichungssystems (C.0.11) zu entnehmen, die im Zuge der Lösung von (C.0.11) erhaltene Lösung zu b_1 ist unbrauchbar und durch die Zwangsbedingung α zu ersetzen.

Anhang D

Netzverfeinerungen

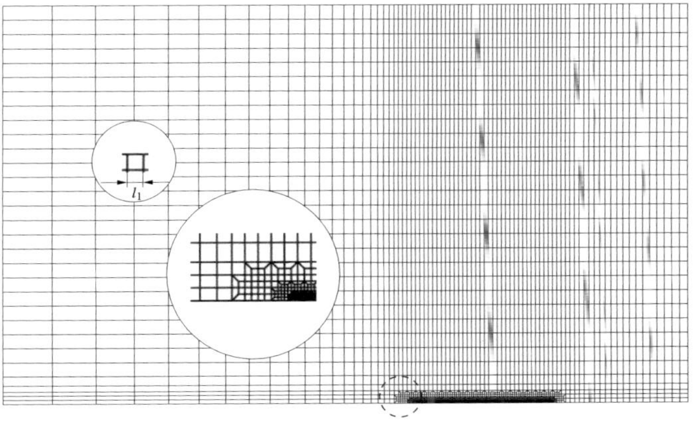

Abbildung D.1: Netz 2D für $l_1 = 31,25\ \mu m$

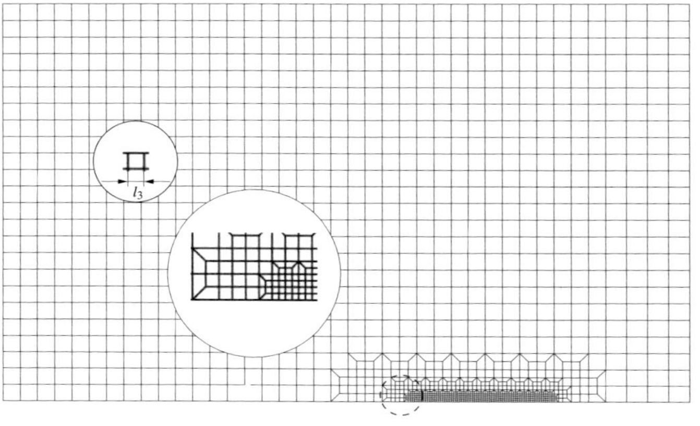

Abbildung D.2: Netz 2D für $l_3 = 125,0\,\mu m$

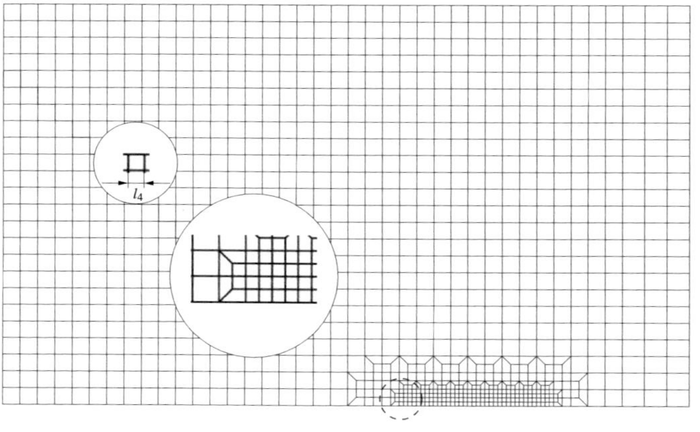

Abbildung D.3: Netz 2D für $l_4 = 250,0\,\mu m$

Literaturverzeichnis

D. P. Abraham and C. J. Altstetter. The effect of hydrogen on the yield and flow stress of an austenitic stainless steel. *Metall. Mater. Trans. A, Phys. Metall. Mater. Sci.*, 26A: 2849–2858, 1995.

G. Alefeld and J. Voelkl. *Hydrogen in metals I: basic properties*, volume 28. Springer, Topics in applied Physics, Berlin, 1978. ISBN 3-540-08705-2.

I. Ali-Khan, K. J. Dietz, F. G. Waelbroeck, and P. Wienhold. The rate of hydrogen release out of clean metallic surfaces. *Journal of Nuclear Materials*, 76-77:337–343, 1978.

J. E. Angelo, N. R. Moody, and M. I. Baskes. Modeling the segregation of hydrogen to lattice defects in Nickel. In A. W. Thompson and N. R Moody, editors, *TMS Annual Meeting*, pages 161–170. TMS, 1993.

S. Asano and R. Otsuka. The lattice hardening due to dissolved hydrogen in iron and steel. *Scripta Metallurgica*, 10(11):1015–1020, November 1976. ISSN 00369748.

S. Asano and R. Otsuka. Further discussion on the lattice hardening due to dissolved hydrogen in iron and steel. *Scripta Metallurgica*, 12(3):287–288, March 1978. ISSN 00369748.

ASTM E 1820 - 99a. Standard Test Method for Measurement of Fracture Toughness. *ASTM International*, 2000.

N. Bandyopadhyay, J. Kameda, and C. J. McMahon. Hydrogen-induced cracking in 4340-type steel: Effects of composition, yield strength and hydrogen pressure. *Metall. Trans. A*, 14A:881–888, 1983.

G. I. Barenblatt. The mathematical theory of equilibrium cracks in brittle fracture. *Advan. Appl. Mech.*, 7:55–129, 1962.

C. D. Beachem. A new model for hydrogen-assisted cracking (hydrogen "embrittlement"). *Metallurgical Transactions*, 3:441–455, February 1972.

I. M. Bernstein and A. W. Thompson, editors. *General Keynote Lecture*, OH, 1974. Materials Park.

H. K. Birnbaum. Mechanisms of hydrogen related fracture of metals. *Hydrogen effects on material behaviour*, pages 639–660, 1990.

H. K. Birnbaum and P. Sofronis. Hydrogen-enhanced localized plasticity–a mechanism for hydrogen-related fracture. *Materials Science and Engineering A*, 176(1-2):191–202, March 1994.

H. K. Birnbaum, I. M. Robertson, P. Sofronis, and D. Teter. Mechanisms of hydrogen related fracture. A review. In *2nd International Conference on Corrosion Deformation Interaction*, pages 172–195. The Institute of Materials, London, 1997.

B. M. Bond, I. M. Robertson, and H. K. Birnbaum. The influence of hydrogen on deformation and fracture processes in high-strength aluminium alloys. *Acta Metallurgica*, 35: 2289–2296, 1987.

G. M. Bond, I. M. Robertson, and H. K. Birnbaum. Effects of hydrogen on deformation and fracture processes in high-purity aluminium. *Acta Metallurgica*, 36(8):2193–2197, August 1988. ISSN 00016160.

G. M. Bond, I. M. Robertson, and H. K. Birnbaum. On the mechanisms of hydrogen embrittlement of Ni3Al alloys. *Acta Metallurgica*, 37(5):1407–1413, May 1989. ISSN 00016160.

B. F. Brown. The Application of Fracture Mechanics to Stress Corrosion Cracking. *Metallurgical Review*, 13:171–183, 1968.

G. R. Caskey. Effect of hydrogen on work hardening of type 304L austenitic stainless steel. *Scripta Metallurgica*, 15(11):1183–1186, November 1981. ISSN 00369748.

Y. K. Cheung and M. F. Yeo. *A Practical Introduction to Finite Element Analysis*. Pitman Publishing Limited, 39 Parker Street, London WC2B 5PB, 1979.

A. Cornec, I. Scheider, and K.-H. Schwalbe. On the practical application of the cohesive model. *Engineering Fracture Mechanics*, 70(14):1963–1987, September 2003.

J. R. G. Da Silva and Rex B. McLellan. The solubility of hydrogen in super-pure-iron single crystals. *Journal of the Less Common Metals*, 50(1):1–5, November 1976.

J. R. G. da Silva, S. W. Stafford, and Rex B. McLellan. The thermodynamics of the hydrogen-iron system. *Journal of the Less Common Metals*, 49:407–420, 1976.

J. R. Davis, editor. *Metals Handbook*. ASM Handbook. CRC Press, 2nd edition, December 1998. ISBN 0871706547.

H. A. Daynes. The Process of Diffusion through a Rubber Membrane. *Proceedings of the Royal Society of London, Series A*, 97(685):286–307, January 1920.

D. Delafosse. Hydrogen induced plasticity in stress corrosion cracking of engineering systems. *Engineering Fracture Mechanics*, 68(6):693–729, April 2001. ISSN 00137944.

M. A. V. Devanathan and Z. Stachursky. The adsorption and diffusion of electrolytic hydrogen in palladium. *Proc. Roy. Soc.*, A270(90):90–102, 1962.

W. Dietzel. *Zur Anwendung bruchmechanischer Methoden bei der Untersuchung des Umgebungseinflusses auf die Rissausbreitung bei zügiger Beanspruchung*. PhD thesis, Technische Universität Hamburg-Harburg, 1991.

W. Dietzel. EFAM GTP-SCC 02 - the GKSS test procedure for performing stress corrosion tests using pre-cracked specimens. *GKSS Bericht 2002/21*, 2002.

W. Dietzel and K. H. Schwalbe. Application of the Rising Displacement Test to SCC Investigations; ASTM STP 1210: Slow Strain Rate Testing for the Evaluation of Environmentally Induced Cracking. *Research and Engineering Applications*, pages 134–148, 1993.

W. Dietzel, M. Pfuff, and G. G. Juilfs. Hydrogen permeation in plastically deformed steel membranes. *Materials Science*, 42(1):78–84, August 2006.

D. S. Dugdale. Yielding of steel sheets containing slits. *Journal of the Mechanics and Physics of Solids*, 8(2):100–104, May 1960.

M. Elices, G. V. Guinea, J. Gómez, and J. Planas. The cohesive zone model: advantages, limitations and challenges. *Engineering Fracture Mechanics*, 69(2):137–163, January 2002.

A. Fick. Ueber Diffusion. *Annalen der Physik und Chemie*, 170(1):59–86, 1855. ISSN 1521-3889.

J. Flis, T. Zakroczymski, V. Kleshnya, T. Kobiela, and R. Dus. Changes in hydrogen entry rate and in surface of iron during cathodic polarisation in alkaline solutions. *Electrochimica Acta*, 44(23):3989–3997, July 1999.

I. Flis-Kabulska, J. Flis, and T. Zakroczymski. Promotion of hydrogen entry into iron from NaOH solution by iron-oxygen species. *Electrochimica Acta*, 52(24):7158–7165, August 2007. ISSN 00134686.

I. Flis-Kabulska, J. Flis, and T. Zakroczymski. Enhanced hydrogen entry into iron from 0.1M NaOH at definite potentials. *Electrochimica Acta*, 53(7):3094–3101, February 2008. ISSN 00134686.

R. P. Frohmberg, W. J. Barnett, and A. R. Troiano. Delayed failure and hydrogen embrittlement in steel. *Trans. ASM*, 47:892–925, 1955.

C. L. Fu and G. S. Painter. First principles investigation of hydrogen embrittlement in FeAl. *J. Mater. Res.*, 6(4):719–723, 1991.

Y. Fukai. *The metal-hydrogen system: basic bulk properties*, volume 21. Springer series in materials science, Berlin, 2., rev. and updated ed. edition, 2005. ISBN 3-540-00494-7.

R. P. Gangloff. A Review and Analysis of the Threshold for Hydrogen Environment Embrittlement of Steel. In M. Levy and S. Isserow, editors, *33rd Sagamore Army Materials Research Conference*, pages 64–111, Watertown, MA, 1986. US Army Laboratory Command.

R. P. Gangloff. Hydrogen Assisted Cracking of High Strength Alloys. *Comprehensive Structural Integrity*, 6, 2003.

R. P. Gangloff and M. B. Ives, editors. *Hydrogen Effects in High-Strength Steels*, Houston, TX, 1990. NACE.

W. W. Gerberich and T. J. Foecke. Hydrogen enhanced decohesion in Fe-Si Single Crystals: Implications to modeling of thresholds. *Hydrogen Effects on Material Behaviour*, pages 687–702, 1990.

W. W. Gerberich and A. G. Wright. Recent studies of grain size and hydrogen concentration on hydrogen embrittlement in bcc metals. *Environmental Degradation of Engineering Materials in Hydrogen*, pages 183–206, 1981.

W. W. Gerberich, R. A. Oriani, M. J. Lii, X. Chen, and T. Foecke. The necessity of both plasticity and brittleness in the fracture thresholds of iron. *Phil. Mag. A*, 63:363–376, 1991.

W. W. Gerberich, P. Marsh, J. Hoehn, S. Venkataraman, and H. Huang. Hydrogen/plasticity interactions in stress-corrosion-cracking. *Corrosion-Deformation Interactions*, pages 325–353, 1993.

Hibbit, Karlsson, and Sorensen. *ABAQUS/Standard Analysis User's Manual*. Hibbit, Karlsson, Sorensen Inc., USA, 2007.

J. P. Hirth. Effects of hydrogen on the properties of iron and steel. *Metallurgical Transactions A*, 11(6):861–890, June 1980.

J. P. Hirth and J. R. Rice. On the thermodynamics of adsorption at interfaces as it influences decohesion. *Metallurgical Transactions A*, 11(9):1501–1511, September 1980.

R. G. Hoagland and H. L. Heinisch. An atomic simulation of the influence of hydrogen on the fracture behaviour of Nickel. *J. Mater. Res.*, 7(8):2080–2088, 1992.

E. D. Hondros and M. P. Seah. Theory of grain-boundary segregation in terms of surface adsorption. *Metall. Trans. A - Phys. Metall. Mater. Sci.*, 8(9):1363–1371, 1977.

B. Isecke. Collapse of the Berlin Congress Hall Prestressed Concrete Roof. *Materials Performance*, 21(12):36–39, December 1982.

D. E. Jiang and E. A. Carter. First principles assessment of hydrogen embrittlement in Fe and Al crystals. *Phys. Rev. B.*, 2004a.

D. E. Jiang and Emily A. Carter. Diffusion of interstitial hydrogen into and through bcc Fe from first principles. *Physical Review B*, 70(6):064102+, 2004b.

H. H. Johnson and R. W. Lin. Hydrogen deuterium trapping in iron. *Hydrogen Effects in Metal*, pages 3–23, 1981.

G. G. Juilfs. *Das Diffusionsverhalten von Wasserstoff in einem niedriglegierten Stahl unter Berücksichtigung des Verformungsgrades und der Deckschichtbildung in alkalischen Medien*. PhD thesis, TU Hamburg-Haburg, 2001.

P. Kedzierzawski. *Diffusivity of Hydrogen and Its Isotopes in Iron Alloys*, pages 251–270. Noyes Publications, New Jersey, 1985.

A. H. M. Krom, A. Bakker, and R. W. J. Koers. Modelling hydrogen-induced cracking in steel using a coupled diffusion stress finite element analysis. *International Journal of Pressure Vessels and Piping*, 72(2):139–147, July 1997.

A. H. M. Krom, R. W. J. Koers, and A. Bakker. Hydrogen transport near a blunting crack tip. *Journal of the Mechanics and Physics of Solids*, 47(4):971–992, February 1999a.

A. H. M. Krom, H. J. Maier, R. W. J. Koers, and A. Bakker. The effect of strain rate on hydrogen distribution in round tensile specimens. *Materials Science and Engineering A*, 271(1-2):22–30, November 1999b.

A. Kumnick and H. Johnson. Deep trapping states for hydrogen in deformed iron. *Acta Metallurgica*, 28(1):33–39, January 1980. ISSN 00016160.

B. Ladna and H. Birnbaum. A study of hydrogen transport during plastic deformation. *Acta Metallurgica*, 35(7):1775–1778, July 1987. ISSN 00016160.

G. Lange. *Systematische Beurteilung technischer Schadensfälle*, volume 5. Wiley-VCH, Weinheim, April 2001.

T. Lee, I. M. Robertson, and H. K. Birnbaum. An HVEM In situ deformation study of nickel doped with sulfur. *Acta Metallurgica*, 37(2):407–415, February 1989. ISSN 00016160.

J. C. M. Li, R. Oriani, and L. S. Darken. The thermodynamics of stressed solids. *Z. Physik Chem.*, 49:271–291, 1966.

Y. Liang, P. Sofronis, and R. H. Dodds. Interaction of hydrogen with crack-tip plasticity: effects of constraint on void growth. *Materials Science and Engineering A*, 366(2):397–411, February 2004. ISSN 09215093.

M. I. Luppo and J. Ovejero-Garcia. The Influence of Microstructure on the Trapping and Diffusion of Hydrogen in a Low Carbon Steel. *Corrosion Science*, 32(10):1125–1136, 1991.

S. Lynch. Environmentally assisted cracking: Overview of evidence for an adsorption-induced localised-slip process. *Acta Metallurgica*, 36(10):2639–2661, October 1988. ISSN 00016160.

S. Lynch. Hydrogen embrittlement and liquid-metal embrittlement in nickel single crystals. *Scripta Metallurgica*, 13(11):1051–1056, November 1979a. ISSN 00369748.

S. P. Lynch. Mechanisms of hydrogen assisted cracking-A review. *Hydrogen Effects in Materials*, pages 449–466, 2003.

S. P. Lynch. Mechanisms of hydrogen-assisted cracking. *Met. Forum*, 2:189–200, 1979b.

H. J. Maier, A. Schettler, and H. Kaesche. A hydrogen permeation study of cyclically deformed low alloy steel. *Werkstoffe und Korrosion*, 42:212–218, 1991.

C. McMahon. Hydrogen-induced intergranular fracture of steels. *Engineering Fracture Mechanics*, 68(6):773–788, April 2001. ISSN 00137944.

A. McNabb and P. K. Foster. A new analysis of the diffusion of hydrogen in iron and ferritic steels. *Transactions of the AIME*, 227:618–627, 1963.

N. R. Moody and S. M. Foiles. An atomistic study of hydrogen effects on the fracture of tilt boundaries in Nickel. *Structure and Properties of Interfaces*, 238:381–386, 1992.

N. R. Moody and S. M. Foiles. An atomistic study of the equilibrium segregation of hydrogen to tilt boundaries in nickel. In A. D. Roming, D. E. Fowler, and P. D. Bristowe, editors, *Mater. Res. Symp. Proc. 229*, pages 179–185, 1991.

N. R. Moody and S. L. Robinson. The effects of hydrogen-dislocation interactions on the fracture of an iron-based superalloy. *Corrosion-Deformation Interactions*, pages 389–400, 1993.

N. R. Moody, M. W. Perra, and S. L. Robinson. Hydrogen pressure and crack tip stress effects on slow crack growth thresholds in an iron-based superalloy. *Scripta Metallurgica*, 22(8):1261–1266, 1988. ISSN 00369748.

N. R. Moody, M. W. Perra, and S. L. Robinson. Hydrogen-Induced cracking in an iron-based superalloy. *Hydrogen Effects on Material Behaviour*, pages 625–635, 1990a.

N. R. Moody, S. L. Robinson, and W. M. Garrison. Hydrogen Effects on the properties and fracture modes of iron-based alloys. *Res. Mechanica*, 30:143–206, 1990b.

H. G. Nelson. Hydrogen Embrittlement. *Treatise on Materials Science and Technology: Embrittlement of Engineering Alloys*, 25:275–359, 1983.

V. Olden, C. Thaulow, R. Johnsen, and E. Ostby. Cohesive zone modeling of hydrogen-induced stress cracking in 25% Cr duplex stainless steel. *Scripta Materialia*, 57(7): 615–618, October 2007. ISSN 13596462.

V. Olden, C. Thaulow, R. Johnsen, E. Ostby, and T. Berstad. Application of hydrogen influenced cohesive laws in the prediction of hydrogen induced stress cracking in 25%Cr duplex stainless steel. *Engineering Fracture Mechanics*, 75(8):2333–2351, May 2008. ISSN 00137944.

R. Oriani. The diffusion and trapping of hydrogen in steel. *Acta Metallurgica*, 18(1): 147–157, January 1970. ISSN 00016160.

R. Oriani and P. Josephic. Equilibrium and kinetic studies of the hydrogen-assisted cracking of steel. *Acta Metallurgica*, 25(9):979–988, September 1977. ISSN 00016160.

R. Oriani and P. Josephic. Equilibrium aspects of hydrogen-induced cracking of steels. *Acta Metallurgica*, 22(9):1065–1074, September 1974. ISSN 00016160.

R. A. Oriani. A Mechanistic Theory of Hydrogen Embrittlement of Steels. *Berichte der Bunsen-Gesellschaft*, 76(8):848–857, 1972.

R. A. Oriani. Hydrogen - The Versatile Embrittler. *Corrosion*, 43:390–397, 1987.

G. M. Pressouyre. Trap theory of hydrogen embrittlement. *Acta Metallurgica*, 28:895–911, 1980.

I. M. Robertson. The effect of hydrogen on dislocation dynamics. *Engineering Fracture Mechanics*, 68(6):671–692, April 2001.

I. M. Robertson and H. K. Birnbaum. An HVEM study of hydrogen effects on the deformation and fracture of nickel. *Acta Metallurgica*, 34(3):353–366, March 1986. ISSN 00016160.

P. Rozenak, I. M. Robertson, and H. K. Birnbaum. HVEM studies of the effects of hydrogen on the deformation and fracture of AISI type 316 austenitic stainless steel. *Acta Metallurgica et Materialia*, 38(11):2031–2040, November 1990. ISSN 09567151.

I. Scheider, M. Pfuff, and W. Dietzel. Simulation of hydrogen assisted stress corrosion cracking using the cohesive model. *Engineering Fracture Mechanics*, 75(15):4283–4291, October 2008.

J. Schlaich, K. Kordina, and H. J. Engell. Teileinsturz der Kongreßhalle Berlin - Schadensursachen, Zusammenfassendes Gutachten. *Beton- und Stahlbetonbau*, 75(12):281–294, December 1980. ISSN 0005-9900.

K. H. Schwalbe and A. Cornec. The Engineering Treatment Model (ETM) and Its Practical Application. *Fatigue & Fracture of Engineering Materials & Structures*, 14(4):405–412, 1991. ISSN 1460-2695.

K. H. Schwalbe, B. K. Neale, and J. Heerens. The GKSS test procedure for determining the fracture behaviour of materials: EFAM GTP 94. *Bericht GKSS 94/E/60*, 1994.

S. Serebrinsky, E. A. Carter, and M. Ortiz. A quantum-mechanically informed continuum model of hydrogen embrittlement. *Journal of the Mechanics and Physics of Solids*, 52 (10):2403–2430, October 2004.

D. S. Shih, I. M. Robertson, and H. K. Birnbaum. Hydrogen embrittlement of alpha-titanium: In situ TEM studies. *Acta Metallurgica*, 36(1):111–124, January 1988.

E. Sirois and H. K. Birnbaum. Effects of hydrogen and carbon on thermally activated deformation in nickel. *Acta Metallurgica et Materialia*, 40(6):1377–1385, June 1992.

P. Sofronis and R. M. McMeeking. Numerical analysis of hydrogen transport near a blunting crack tip. *Journal of the Mechanics and Physics of Solids*, 37(3):317–350, 1989.

P. Sofronis, Y. Liang, and N. Aravas. Hydrogen induced shear localization of the plastic flow in metals and alloys. *European Journal of Mechanics - A/Solids*, 20(6):857–872, 2001.

B. P. Somerday. *Metallurgical and Crack-Tip Mechanics Effects on Environment-Assisted Cracking of Beta-Titanium Alloys in Aqueous Chloride.* PhD thesis, University of Virginia, Charlottesville, VA, 1998.

B. P. Somerday, A. W. Wilson, J. M. Howe, and R. P. Gangloff. Microstructural cause of intergranular hydrogen environment embrittlement of aged beta-titanium alloys. *Metall. Mater. Trans. A*, submitted.

R. G. Song, C. Blawert, W. Dietzel, and A. Atrens. A study on stress corrosion cracking and hydrogen embrittlement of AZ31 magnesium alloy. *Materials Science and Engineering: A*, 399(1-2):308–317, June 2005.

E. A. Steigerwald, F. W. Schaller, and A. R. Troiano. The Role Of Stress In Hydrogen Induced Delayed Failure. *Trans. Met. Soc. AIME*, 218:832–841, October 1960.

K. Strieder. Die Eignung von Untersuchungen mit niedrigen Dehnraten zur Ermittlung der Rißgeschwindigkeit bei Spannungsrißkorrosion. Master's thesis, Ruhr-Universität Bochum, 1993.

H. Sugimoto and Y. Fukai. Solubility of hydrogen in metals under high hydrogen pressures: Thermodynamical calculations. *Acta Metallurgica et Materialia*, 40(9):2327–2336, September 1992. ISSN 09567151.

P. R. Swann, F. P. Ford, and A. R. C. Westwood, editors. *Mechanisms of liquid-metal embrittlement and stress-corrosion cracking in high-strength aluminium alloys and other materials*, London, UK, 1977. The Metals Society.

T. Tabata and H. K. Birnbaum. Direct observations of the effect of hydrogen on the behavior of dislocations in iron. *Scripta Metallurgica*, 17(7):947–950, July 1983. ISSN 00369748.

T. Tabata and H. K. Birnbaum. Direct observations of hydrogen enhanced crack propagation in iron. *Scripta Metallurgica*, 18(3):231–236, March 1984. ISSN 00369748.

A. R. Troiano. The role of hydrogen and other interstitials in the mechanical behaviour of metals. *Trans. ASM.*, 52:54–80, 1960.

H. Vehoff. *Hydrogen related material properties*, pages 215–278. Springer-Verlag, Berlin, 1997.

H. Vehoff and P. Neumann. *Hydrogen Cracking of Single Crystals of Fe-Alloys*, pages 686–711. Noyes Publications, Park Ridge, NJ, 1985.

H. Vehoff and W. Rothe. Gaseous hydrogen embrittlement in FeSi- and Ni-single crystals. *Acta Metallurgica*, 31(11):1781–1793, November 1983. ISSN 00016160.

Jwu S. Wang. On the diffusion of gases through metals. *Mathematical Proceedings of the Cambridge Philosophical Society*, 32(04):657–662, 1936.

Y. Wang, W. Chu, and C. Hsiao. Hydrogen induced dislocation multiplication in a Fe-3%Si single crystal. *Scripta Metallurgica*, 19(10):1161–1164, October 1985. ISSN 00369748.

N. Winzer, A. Atrens, W. Dietzel, G. Song, and K. U. Kainer. Evaluation of the delayed hydride cracking mechanism for transgranular stress corrosion cracking of magnesium alloys. *Materials Science and Engineering: A*, 466(1-2):18–31, September 2007.

N. Winzer, A. Atrens, W. Dietzel, G. Song, and K. U. Kainer. Comparison of the linearly increasing stress test and the constant extension rate test in the evaluation of transgranular stress corrosion cracking of magnesium. *Materials Science and Engineering: A*, 472 (1-2):97–106, January 2008.

J. Woodtli. Damage due to hydrogen embrittlement and stress corrosion cracking. *Engineering Failure Analysis*, 7(6):427–450, December 2000. ISSN 13506307.

T. Zakroczymski. Electrochemical determination of hydrogen in metals. *Journal of Electroanalytical Chemistry*, 475(1):82–88, October 1999.

T. Y. Zhang and Y. P. Zheng. Effects of absorption and desorption on hydrogen permeation-I. Theoretical modeling and room temperature verification. *Acta Materialia*, 46(14): 5023–5033, September 1998. ISSN 13596454.